感受时间的流逝

汪波 著

GUANGXI NORMAL UNIVERSITY PRESS
广西师范大学出版社
·桂林·

GANSHOU SHIJIAN DE LIUSHI
感受时间的流逝

出版统筹：汤文辉
品牌总监：耿　磊
选题策划：耿　磊
责任编辑：王芝楠　徐艳丽
美术编辑：刘冬敏
营销编辑：杜文心　钟小文
责任技编：王增元

图书在版编目（CIP）数据

感受时间的流逝 / 汪波著. —桂林：广西师范大学出版社，2020.8
（时间之问：少年版；2）
ISBN 978-7-5598-3021-0

Ⅰ. ①感… Ⅱ. ①汪… Ⅲ. ①时间－少年读物 Ⅳ. ①P19-49

中国版本图书馆 CIP 数据核字（2020）第 124677 号

广西师范大学出版社出版发行
（广西桂林市五里店路 9 号　邮政编码：541004
网址：http://www.bbtpress.com）
出版人：黄轩庄
全国新华书店经销
北京博海升彩色印刷有限公司印刷
（北京市通州区中关村科技园通州园金桥科技产业基地环宇路 6 号　邮政编码：100076）
开本：889 mm × 720 mm　1/16
印张：8.5　　　　字数：68 千字
2020 年 8 月第 1 版　　　2020 年 8 月第 1 次印刷
定价：42.00 元

各位好奇心旺盛的少年朋友们好，

此刻你们捧着这本书，也许很好奇作者是谁？而我同样看不到你们，也好奇地想象着读这本书的人是谁？在我眼前，出现了未来的科学家、音乐家、工程师，还有医生、程序员、诗人，又或是任何一个普通人。我猜你们都喜欢在大自然里自由自在地行走，喜欢梦想未来。

我小时候也喜欢梦想将来。前些天我翻出了初中的一篇日记，上面写到了我的一个梦想。有一次我发现数学里的函数居然和物理图像有着紧密的联系，一瞬间两门学科像交错生长的植物关联在一起，这个发现让我非常兴奋。于是我有了一个异想天开的梦想：将来我要把各科知识有机结合起来，互相促进，寻找出它们之间的内在联系……

后来在忙碌的学业和工作中，这个想法渐渐淡忘了。但它没有完全消失，只是悄悄埋在了心里。如今这个想法生根发芽了，我迫切地想把它分享给你们。那么，我会如何完成这个艰巨的任务，把不同的学科串联起来呢？我选择的是一种特殊的材料——时间。因为，在时间里隐藏着广阔宇宙和微小粒子的秘密，在时间里铭刻着我们生生不息的文化和节气民俗，在时间里运行着身体和生命的规律。那么，如何用时间串联起这一切呢？不是在课堂上，而是在旅行中。我邀请你一起加入一场父母和孩子的旅行，在群山中倾听大自然的呢喃，在大自然中漫步、搭帐篷、登山漂流，跟亲近的人探索其中的天文、物理和生命的奥秘，这会不会是一种很酷的体验呢？

作为一个好奇的少年，也许你很想弄清楚：宇宙是如何起源的？夜空为什么是黑色的？时间能倒流吗？节气是阴历还是阳历？钟表为什么嘀嗒嘀嗒地走动？为什么人到了晚上就会困倦？让我们一起在旅行中发现这一切。每个周末，两个孩子会跟着爸妈出去探索自然。野外无穷的新鲜事物，孩子们都喜欢叽叽喳喳向父母问个不停。每次出游都有一个与时间有关的主题，或者是节气、或者是天文，又或者是动植物。我希望你们以世界作为唯一的书本，体会这些令人激动的发现时刻。

我们会探索时间的起源，时间的箭头和方向，宇宙在时间中的演化，节气和闰月，精密的时钟和人体里的生物钟。你会了解到我们农历新年的日期起源于何时，时间在高山上比在平原上流动得快那么一点点，时间的箭头有可能反过来，从未来流向过去，而身体里的生物钟也会跟随着地球自动调节时间。我会用一锅意大利字母面来比喻宇宙的起源，用帐篷里的影子来描述十二星座，用小溪里的漂流来说明时间如何变慢，用荡秋千来演示时钟的原理，用积木来解释闰月是怎么回事，用远去的汽车尾灯来形容宇宙如何加速膨胀。

除了收获知识，我更希望你们能在大自然中体验到生命的瑰丽和亲情的美好，体会到父母对你们的付出和陪伴的不易。在野外露营中，拆装帐篷、挖沟渠，这些活儿都缺少不了爸爸，爸爸在科学方面的丰富知识和野外环境中的沉着冷静是你们的榜样；当然妈妈的悉心陪伴也不可或缺，妈妈在文学、诗歌、音乐方面的修养是你们的心灵的营养。

也许你们现在每天都有一些奇妙的想法，那么请好好收藏它们，万一哪天实现了呢，就像我曾经的这个知识融合的想法。也许曾经有门课你无论如何努力都学不好，但这很可能与智力根本无关，只是与某个特定思考方式有关。也许这场野外旅行中的某个情景会让你有所领悟，为你打开一扇新的大门。

我想象不出，这部作品会以一种什么样的方式影响到你。也许它只是陪你度过一段时光。也许它为你通往宇宙的奥秘打开了一道门缝，让你直接体会到世界的神奇，而无须陷在公式堆里。也许它为你展示了先人的智慧和他们留下的巨大遗迹，令你对他们刮目相看。也许你会意识到所谓的现在并不存在，从而不再纠结于英语的过去时和现在时。也许你会恍然明白世界不再以你为中心——不论是在家里还是在广阔宇宙里，而你也能从容以待。又或者对着星空发呆时，你会突然意识到你身体的元素亿万年前也曾经飘曳在那里，经过漫长的旅行重新汇聚在你的身体里……

世界在你面前展现为一个圆环，而你是其中的一段弧，与大自然、父母以及所有人连接在一起。

那么，让我们开始这段时间之旅吧！

目录

第三章 箭头

第四章 绽放

第三章

箭 头

变凉的牛奶：时间的箭头

又是一个周五的傍晚，一家人正在收拾东西准备装到车上。这次他们带的东西可不少，有烤肉架、吊床，还有很多锅啊，碗啊……原本拥挤的后备箱放不下这么多东西，爸爸和妈妈只好先把所有的物品都拿下来，琢磨一下具体怎么摆放。

爸爸仔细查看了汽车的后备箱，然后尝试按照物品的大小和形状，这里摆摆，那里塞塞，充分利用了后备箱的每一个角落。终于，他找到一种最佳的摆放顺序，能把所有装备刚好都塞进去。随着“砰”的一声响，后盖合上了，所有人都松了一口气——他们可以上车了。

到了山里的露营地，天气有点阴冷，妹妹提议喝些热牛奶再睡觉。

妈妈从冷藏箱里拿出一大盒冰鲜牛奶，把牛奶倒进小锅里，放在炉子上点着火，接着去收拾行李。过了一会儿，她回来时发现牛奶已经热了，就把它倒进几个杯子里，分给大家。妹妹急不可待地要端起杯子，但马上她的手又缩了回来——杯子有点烫。

趁着牛奶还没凉下来，妈妈和爸爸一起去支帐篷，哥哥和妹妹也来帮忙。帐篷支好了，一切就绪，他们回来重新端起杯子准备喝牛奶，却发现此时牛奶又彻底变凉了。

“唉，刚才白热了。”妹妹叹了口气，“要是牛奶能自动变热就好了。”

“那倒是很好，省得我重新加热了。”妈妈把牛奶倒回锅里，打开火，蓝色的火苗舔舐着锅底。

“爸爸，牛奶为什么会自动变凉？”妹妹问。

听到这么简单的问题，爸爸却一时不知该如何回答，他想了想说：“因为杯子里的热量会散发掉，却不会自动聚集起来。”

爸爸守着锅里的牛奶，等牛奶变热后关掉了火。他把冒着热气的牛奶重新倒进杯子里。

“既然热量能自动散发掉，为什么不会自动聚集起来呢？”哥哥拿起杯子，里面的热气不断向外冒。

“除非时间能倒流，牛奶才会自动变热。如果你明白了这一点，你就知道时间为什么不能倒流了。”爸爸神秘地笑了笑，然后去洗锅。

哥哥慢慢地品着牛奶，心里琢磨着爸爸这句没有说完的话。

妹妹喝完牛奶，一蹦一跳地去找妈妈，她让妈妈把带来的吊床支起来。妈妈从汽车后备箱里取出吊床，把它支好，妹妹兴奋地躺了上去。妈妈轻轻地推了一下吊床，妹妹很享受地在里面晃来晃去，还让妈妈给她拍视频。

哥哥把最后一口牛奶喝完了，仍旧没有想明白爸爸刚才说的那句话。“爸爸，热量散发和时间有什么关系呢？”

“跟我来。”爸爸放下洗好的锅，来到妈妈和妹妹的吊床前。他拿过妈妈的手机，把妹妹在吊床里摇来摇去的影像拿给哥哥看，然后把视频又倒着播放了一遍：“你看，你能分清哪个是正着播放，哪个是倒着播放的吗？”

“这两个太像了，根本分不出来。”哥哥说。

“对，问题就出在这儿。”爸爸说，“牛顿发现的第二运动定律可以计算出吊床的运动规律，但后来科学家发现，在计算时，即使给所有时间变量同时添加一个负号，也就是让时间倒流，公式照样成立。换句话说，时间是可逆的。”

“真是奇怪。”哥哥嘟哝着，“可是日常生活里，时间无论如何都不会倒着流动。”

“你知道吗，恰好有一个物理定律能解释为什么热牛奶会变凉，而不是反过来凉牛奶自动变热。热量单向地从高温流到低温，而不是反过来。这就决定了时间只能单向流动，也就是从过去到未来。这个定律就是热力学第二定律。”

哥哥挠挠头：“这么说我还是不明白。”

“好吧，跟我去汽车那边。”爸爸说着走过去，打开了后备箱。后备箱里的帐篷、吊床等东西都被取出来了，现在里面空多了，剩下的东西堆在角落里。

“你看，如果我们这样开车出去，经过颠簸，后备箱里剩下的东西来回摇晃，会自动变整齐呢，还是会变得更乱呢？”爸爸问。

“显然会变得更乱。”

“是的。”爸爸停了一下说，“但是我们并不能完全排除一种情况，也就是经过一番颠簸，后备箱里的东西变得更整齐了。不过这种情况的概率太低了，永远小于后备箱变乱的概率。”

哥哥点了点头，继续听爸爸讲。

“既然后备箱变乱的概率远远大于变整齐的概率，而事物总是朝着最大可能的方向发展的，那么事物就会越来越混乱。这种混乱的程度叫作‘熵（shāng）’。低熵是过去，高熵是未来，事物从低熵到高熵，也就是从过去到未来。这样，时间就有了方向。牛奶变凉也是同样的道理。”

“原来如此。不过这和牛奶变凉有什么关系呢？”哥哥不解地问。

“我们可以比较一下牛奶杯和后备箱。当牛奶的热量都限制在杯子里时，就像后备箱里所有的东西都整齐地堆在一个角落。牛奶杯里的热量有可能会散发，也有可能散发后又重新回到杯子里。但回到杯子里的概率远远小于散发出去的概率。最终，杯子里的热量散发了，牛奶变凉了，熵也增加了，这就是时间流动的方向。”

哥哥明白一些了。爸爸从后备箱里拿出一个折叠好的气垫床，重新盖上后备箱，和哥哥回到帐篷里。妹妹还在吊床上晃来晃去。

“今晚有点凉，我们睡气垫床吧。你帮我用这个气筒打一下气。”爸爸说着，递给哥哥一个袖珍打气筒。

哥哥一边打气，一边对爸爸说：“原来时间的方向和热量有这么大的关系。不过你刚才说的热力学第二定律是怎么回事？”

“这个有点不好解释。”爸爸说，这时他瞥到哥哥手里的打气筒，“你手里的打气筒是不是有点发热？”

哥哥摸了一下，确实如此。

“这就对了。”爸爸说，“你给充气床垫打气，把运动的能量转换为床垫的压力。但打气时活塞摩擦气筒壁生热，一部分热量散失到空气里，不可挽回地消耗掉了，再也没法回来。所以，我们也无法回到过去的状态了。”

“这就是热力学第二定律？”哥哥问。

“对，它告诉我们，能量从一种形式转换为另一种形式时，总是不可避免地要损耗掉一些，这个过程是不可逆的。所以，过去的就永远过去了，时间不能倒流。”爸爸说。

哥哥打了一会儿气，坐下来歇息。

这时妈妈走过来，她不再摇妹妹的吊床了：“可是有些东西还是可逆的呀，比如在网上买了一件衣服，不满意还可以 7 天无理由退货，就像什么都没有发生过一样。”

“是的，前提是买卖双方有一方愿意付运费才行，”爸爸说，“这是他们必须付出的代价。但在自然界里，并没有什么东西愿意白白付出代价。”

“这么说，任何事情，无论美好的还是悲伤的，都只发生一次，是唯一的。”妈妈说。

“我的妈妈也是世界上唯一的。”妹妹骄傲地说。妈妈惊讶地看着妹妹，眼睛缓缓眨了两下，目光里充满了喜悦。妹妹接着说：“因为谁也没法替代妈妈再生我、疼我一次了。”

“宝贝，你的话真贴心，”妈妈温柔地说，“你也是我在世上唯一的女儿。”妈妈轻吻了妹妹的额头。

过了一会儿，露营灯熄灭了，月光洒在他们的帐篷上。一阵轻声的“晚安”之后，帐篷里安静了下来。

时间到底有没有方向?

“君不见黄河之水天上来，奔流到海不复回。君不见高堂明镜悲白发，朝如青丝暮成雪。人生得意须尽欢，莫使金樽空对月。”李白的诗句形象地描述了时间的飞逝和不可逆转。

但奥地利物理学家玻尔兹曼在 19 世纪末提出，时间本身并没有内置的箭头，不论时间向哪个方向流动，力学定律都是成立的。现代物理学家发现，即使在力学定律已经失效的很微小的粒子（又叫“量子”）世界里，把过去和未来互相颠倒，特定的物理定律依然有效。

唯一证明时间有方向的物理定律就是所谓的“热力学第二定律”，它规定了热量自发流动的方向总是从高温到低温，而不能反过来。如果要反过来，就必须付出额外的代价。这额外的代价就区分了过去和未来。所以在时间轴上，过去和未来不再对称，而是有了特定的方向。虽然听起来热力学第二定律仅仅是关于热的定律，但热的本质是分子、原子的振动，无论是摩擦、消化、思考还是电脑运行，都跟热有关，所以热力学第二定律是一个普遍的定律。在时间箭头的方向上，未来的开放的可能变成了真实的不可改变的过去，并且留下了一串痕迹——脚印、废物、记忆、磨损等。

时间不可逆转
生命衰老，事物留下痕迹

绝大部分物理定律却可以逆转：
从左到右观看和从右到左观看完全一样，无法分清时间的方向

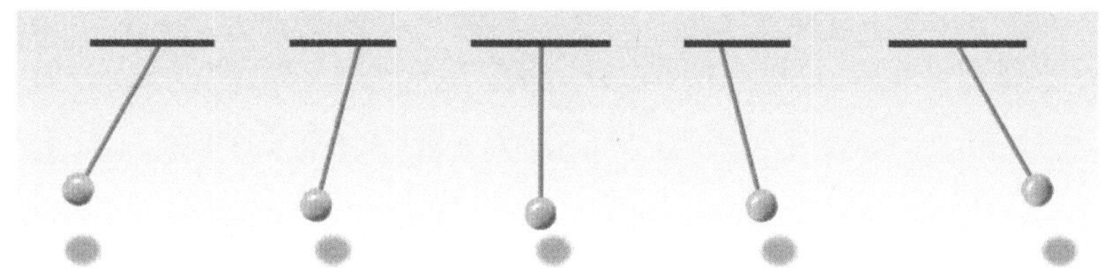

化石与酸奶：时间的流逝

第二天早上，薄云刚好遮住太阳，气温凉爽，吹一点儿小风。

“这样的天气适合到山间徒步。”爸爸说。妈妈点点头。

“好啊，我正好想采集一些动植物标本呢。”哥哥说。妹妹一听，很开心，也想跟着去。

于是一家人上路了。一开始，山势陡峭，可是攀登了一会儿后，就渐渐平缓了。这里的地貌变化明显，山脚和山腰被绿色覆盖，山顶则是裸露着的成堆的巨石，看起来十分壮观。

哥哥和妹妹花了些时间在半山腰采集植物标本。哥哥用一把小铲子挖土，突然他碰到了一个硬硬的东西，从土里小心摸出来一看，是块椭圆形的石头。他很少见到形状这么规则的石头，于是好奇地打量起来。石头表面的泥土被细细抹去后，露出了一条一条弧形的纹理。

“我发现一个贝壳！”哥哥大声喊道。妹妹也凑过来看，拿在手里端详。

“是一个石头做的贝壳。”妹妹说。

“应该叫‘贝壳化石’！”

“什么是贝壳化石？”妹妹好奇地问。

“就是很久很久以前的贝壳，埋在土里渐渐变成了石头一样的东西。”哥哥一边说，一边兴奋地拿着这个贝壳化石给爸爸妈妈看。

“可是贝壳不是在大海里才有吗，”妹妹问爸爸妈妈，“它怎么会跑到这么高的山上来呢？”

“你可以和妹妹解释一下吗？”妈妈跟哥哥说。

“当然，非常乐意。”哥哥骄傲地说，“我们脚下的这个地方很久以前也许是大海或者是湖泊。现在我们脚下的大地并不是永远固定的，而是像水面上并排的竹筏。”

妹妹点点头。

哥哥继续说:“起浪时，这只竹筏会碰到另外一只，它们互相推挤。有的竹筏会俯冲到旁边的竹筏下面，把它抬高。我们脚下的大陆也是类似的，有的大陆会冲到其他大陆底下，顶起一座新的山脉。而那些贝壳也跟着山脉一起升起，经过很长时间终于变成了化石。这下你明白了吧？”

“那这些化石有多少年了？”妹妹仍然不解地问。

“我也不知道，我觉得至少有几百万年了。爸爸，我们怎么才能知道化石有多久了？”哥哥说。

“你看到一个人白发苍苍，脸上布满皱纹，就知道他年纪不小了。化石的年龄虽然不能像这样一眼看出来，但是它包含的放射性元素会告诉我们答案。”

“它的原理是怎样的？”哥哥问。

“当初化石形成时，它包含的某种元素在石头中占一定的比例。随着时间的推移，这种元素会逐渐衰变，分解成更小的新元素。所以拿到一块化石，如果能测量出化石里新旧元素的比例，就知道有多少元素衰变了。”爸爸说。

“那怎么推算化石的年龄呢？”哥哥问。

“元素的衰变非常有规律，它们总是按照特定的速度衰变。所以，知道了衰变前后元素的比例，又知道了衰变速度，就能算出衰变所花费的时间，也就是化石从形成到现在所经历的时间。”爸爸说。

妹妹望着妈妈，问她听懂了没有。

妈妈从背包里拿出一瓶自制的酸奶，说：“也许这瓶酸奶可以帮助我解释。”

“这是前天我们做的酸奶！”妹妹认了出来。

“对，还记得我们怎么做的吧？”妈妈说，“一开始鲜奶是没有酸味的，我们加入乳酸菌，它们在牛奶里不断繁殖，鲜奶开始变酸。按照说明书的要求放置 4 个小时，一碗牛奶才能刚好变成酸奶，味道正好。”

“没错，时间长了短了都不行。”妹妹说。

“反过来，如果我们没有钟表，不知道过了多久，该怎么办呢？”妈妈问。“是不是在牛奶变酸的过程中不停地品尝呢？”妈妈提示妹妹。

“如果味道不对，就没到 4 小时，是这样吗？”妹妹问。

“对，”妈妈说，“当我们感觉到酸度正好时，就知道过去了 4 个小时。这是因为乳酸菌生长繁殖的速度是固定的，就像化石里放射性元素衰变的速度是固定的一样。”

“我明白了。”妹妹满意地说，然后接过酸奶，津津有味地吃了起来。

“其实，”爸爸补充道，“除了化石里的同位素和酸奶里的乳酸菌，我们银行里活期存款的余额、一窝兔子繁殖的后代的数量总和，都是按照这种‘自然’的指数变化的。”

吃完后，他们坐在一块大石头上稍作休息，恢复体力。

哥哥平躺在大石头上，伸展开手脚比画着：“这块石头比我还大。”

“是啊，你有没有想过，其实每一块石头都是时间留给我们的痕迹。”爸爸说，“它就像一本无声的书，讲述着过去发生的故事。而我们脚下的大地就是书架，承载着这些无声的书。不过，这可不是一个普通的书架，而是会升降的书架。”

“是吗，这个书架还会升降？”哥哥问。

“对，就像你说过的，我们脚下的大地并不是永远固定的，而是有起有伏，就像一个会升降的书架，它让最近印刷出来的书浮现出来，而年代久远的书则堆放在书架底部，要靠我们去挖掘。”爸爸指了指哥哥的铲子。

“那如果我一直向下挖，会挖到什么呢？”哥哥问。

“会挖到更久远的过去，发现更古老的书籍。埋藏在地下越深，距离我们的地质年代就越久远。”爸爸说。

“这么说，我会发现更古老的贝壳？”哥哥问。

“是的，也许是贝壳化石，也许是别的化石，甚至是现在已经消失了的地球早期生命留下的遗迹。通过这些遗迹，我们能拼接出生命随时间演变的历史。”爸爸说。

一家人继续朝着山顶攀登。中午前，他们终于站在了山顶的大石头上。

年代的确定

人们常用能自动衰变的放射性元素来确定历史年代。一些放射性元素里包含的质子数量较多，由于相互排斥，会变得不太稳定，就像积木一样会坍塌。类似地，随着时间流逝，较大的放射性粒子会衰变成较小的粒子，而且衰变的速度很有规律。例如，铀 235 元素会在约 7 亿年中衰变完其中的一半，再经过约 7 亿年，剩下的一半又会衰变完其中的一半，只剩下 1/4，以此类推。每衰减完一半所花费的时间叫作“半衰期”。

从半衰期的特性可知，时间与剩下的元素之间会形成一条曲线，这条曲线的形状仅仅取决于半衰期的长短。一旦知道了特定元素的半衰期，就知道了曲线的形状，便能从剩余元素的比例推算出它们距今的时间。

不同的元素有不同的半衰期，这就为人们提供了不同长短的时间尺子去测量过去的年代。例如，铀 238 元素的半衰期长达 44.6 亿年，可以用来测量地球的年龄。碳 14 的半衰期则短得多，只有 5 700 年左右。这么短的半衰期可以用来推算距离现在较近的物品的年代，例如人类文物及古建筑里木材的年代。

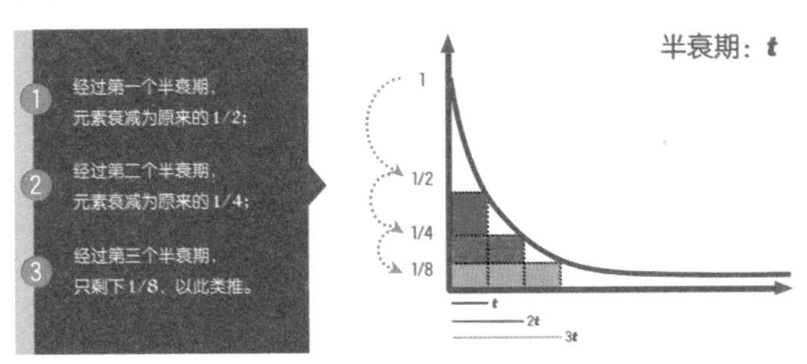

烤肉时下雨：难以预计的未来

下山后，一家人回到营地。哥哥和妹妹都很饿了，非常想吃烤肉，这下他们带来的烤肉架该发挥作用了。

哥哥和妹妹眼巴巴地看着爸爸切肉、点炉子，妈妈给肉片涂上调料，然后放到炉子上开始烤。一阵阵香味飘了出来，鲜红的肉慢慢变成了暗红色的。可是，滴答滴答的雨滴却不请自来，滴在烧烤架上发出“嗞嗞”的声音。妹妹和哥哥皱起眉头望着天空。

“怎么偏偏这时候下雨？”妹妹噘起了嘴。

爸爸摇了摇头说：“你们听过一句俗语吗？‘要是你怎么求雨都不成功，可以试试去烤肉。’看来这句话还挺灵验的。”

妈妈拿出一把很大的黑伞撑了起来。爸爸勉强在伞下烤肉，两个孩子钻进帐篷里等着。

过了一会儿，雨渐渐小了，慢慢停了，肉也烤好了。两个孩子跑了出来，围坐在烤炉旁边。每个人都分到了肉，大家有滋有味地吃起来。

“天气预报没有说今天下雨啊！”哥哥感叹道，“难道现在的天气预报连一场雨也没法预测准确吗？”

“这个，还真不一定能做到。”爸爸说。

“为什么？”

“一言难尽啊。也许对一块较大的地区，我们能够预测到会不会下雨，但是具体到一小块地方下不下雨、几点下，就很难说了。”爸爸说。

“可是我们现在不是有很先进的气象卫星吗？还有那么多气象站和强大的计算机。”哥哥继续问道。

爸爸没有直接回答他，转而问了一个别的问题："你今天上午采集到蝴蝶标本了吗？"

"采集到了。"哥哥放下叉子，伸手去拿玻璃罐。

"让我看看。"爸爸一边看着罐子里的蝴蝶一边说，"你说，蝴蝶的翅膀扇动时，远在千里之外的地方会刮起一场飓风吗？"

哥哥听到这驴头不对马嘴的话，瞪大了眼睛。

"你的眼睛告诉我不会，但实际上，这是有可能的。这也是为什么天气预报很难预测准的原因。"爸爸又把话题拉了回来，"这就是所谓的'蝴蝶效应'，一个微小的变化可能会引起难以想象的巨大后果。而这后果，即使是最先进的计算机也很难计算出来。"

"这是为什么呢？"

"因为天气预测系统是一种非常复杂和敏感的系统。人们用计算机来计算和预测天气，需要提前知道初始时刻的温度、湿度等数值。但是预测天气的计算方程对这些数值大小非常敏感，稍有偏差，预测的结果就大不相同。怎么说呢，有点像挠痒痒。"爸爸说。

哥哥突然大笑起来，手舞足蹈，手里的肉飞了出去，掉到妈妈碗里，把调料溅了起来。

原来是妹妹用手在哥哥的胳肢窝下面挠了一下。

“妹妹，你别闹了！”哥哥喊道，他放下筷子，身体扭曲起来。

“对，这就是一个异常敏感的例子。妹妹轻轻挠一下哥哥的胳肢窝，哥哥立刻痒得手舞足蹈。但挠有些部位，哥哥就不会觉得痒痒。你没法预测一个被你挠痒痒的人会做出什么样的反应，天气预测系统也是如此。”爸爸说。

妹妹对哥哥和妈妈说了一声“对不起”。

“天气预测系统怎么这么敏感呢？”

“我举个台球桌的例子你就懂了。普通系统就像一张非常平整的台球桌，职业台球选手可以精准预测出台球的轨迹。而混沌系统也是一张台球桌，只是桌面有那么一点儿微小的凹凸。现在，在这两张台球桌上同样的位置摆上台球，用同样的力度和角度击球，你会发现，一开始两张桌上台球的轨迹基本一致，但随着时间的推移，台球桌面上这一点儿微小的凹凸会导致两个台球轨迹的极大不同。”

“这么说，我们就没法预测天气了吗？”哥哥问。

“也不是那么绝对，只是没法准确地预测。未来距现在越远，预测的误差就越大。”爸爸说。

“噢，我明白了。有时候天气预报说三天后要下雨，可到了前一天又说不下了。”哥哥说。

“对，随着时间的临近，天气预测也会变得越来越准确。”爸爸说。

吃完烤肉，又下起了雨。他们有点困了，躲进帐篷里睡午觉。

混沌与蝴蝶效应

“蝴蝶效应”这个名词来自美国气象学家爱德华·诺顿·洛伦兹对天气预测系统的研究。他利用测量到的当前时间的温度、气压等物理量来推算未来的天气变化情况，可是在计算过程中发现，一些中间数值即使只发生了非常微小的变动，最后预测出来的结果也大相径庭，而且随着时间的推移，这种差别变得越来越夸张。换句话说，他无法准确地预测出更加久远的未来的天气情况。

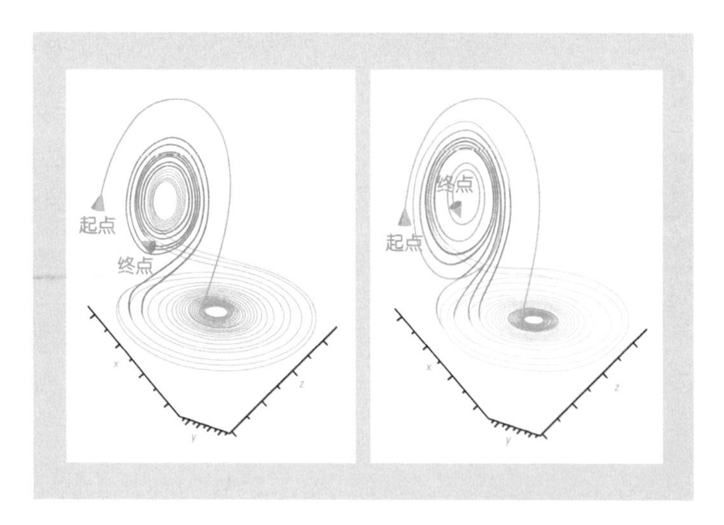

▲混沌系统的特点：起点处微乎其微的差异，导致终点状态的极大不同

后来，洛伦兹受邀做报告，主办方在海报中起了一个很抓眼球的标题：一只蝴蝶在巴西轻拍翅膀，会不会在一个月后引起得克萨斯州的一场飓风？从此，这个现象就有了一个名字——蝴蝶效应。天气这种复杂系统与其他系统的重要区别就在于，普通系统如果初始值有一点儿差别，结果也相差不大，而复杂系统对初始值非常敏感，这种现象就称为“混沌”。

《庄子·应帝王》里讲述了另外一个关于浑沌的故事。

南海之帝为倏，北海之帝为忽，中央之帝为浑沌。倏与忽时相与遇于浑沌之地，浑沌待之甚善。倏与忽谋报浑沌之德，曰：“人皆有七窍，以视听食息，此独无有，尝试凿之。”日凿一窍，七日而浑沌死。

3.4 女娲补天：并非杞人忧天

两个孩子上午爬山累了，一觉睡到下午。一家人醒来时雨已经停了，空气清新，他们起来出去散步。顺着山腰走了一段，来到一处开阔之地，远远看到了高涨的河水。

回营地的路上，哥哥给妹妹讲了共工和祝融大战的故事。共工失败后大怒，头撞不周山，把撑天的柱子撞倒了，天破了一个大口子，塌陷下来。天河里的水奔涌着流到大地上，地面一片汪洋，洪水泛滥。幸好女娲炼了五彩石，补上了天上的缺口，她还砍下大龟的脚做柱子，支撑四边的天极。

妹妹听得很入神。回到营地，她忧心地问妈妈：“将来的某一天天空会不会再塌下来？”

妈妈说：“你知道吗，在很久以前，春秋战国时期，杞国有个人也担心天塌下来，整天忧心忡忡的。”

“那天上的星星呢，它们会不会掉下来呢？”妹妹继续问道，“有时它们看起来摇摇晃晃的，像是要掉下来一样。”妹妹似乎很担心那些星星。

爸爸说：“你的担心不是没有道理。两颗星星只要离得足够近，就会相互吸引，最终碰撞在一起。”

“天上哪些星星最有可能掉下来？”哥哥问。

“在太阳系的行星中，地球的外侧是火星，而在火星外侧临近木星的区域，叫作‘小行星带’。这里的小行星彼此靠近，经常相互干扰对方的轨道，而且容易受到临近的大行星引力的影响，从而脱离轨道，闯入其他行星的轨道。”爸爸说。

“那它们会不会撞到地球呢？”妹妹问。

“这已经发生过许多次了。”爸爸说，“如果一颗小行星距离地球的最小距离小于 20 个地月距离，且它的直径大于 140 米，就被认

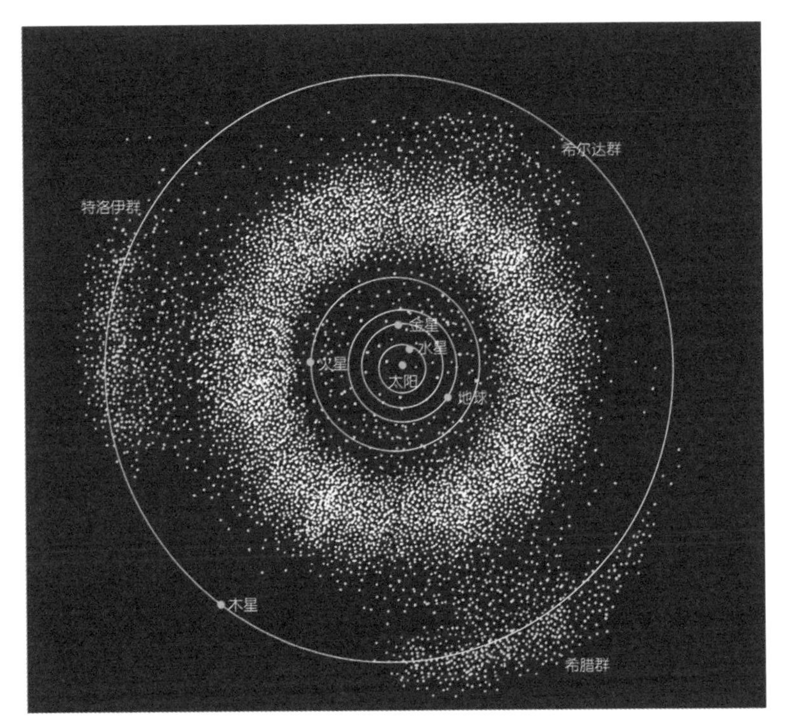

▲太阳系小行星带位于火星与木星之间

为对地球构成潜在威胁。”

“如果小行星撞到地球，会怎么样？”哥哥问。

“大部分小行星在地球的大气层里就烧毁了，而一些较大的小行星会带来灾难。比如 6 500 万年前，直径 14 千米的希克苏鲁伯小行星撞上了地球，落在今天的墨西哥湾，撞出了一个 1 500 米深的陨石坑，撞击点附近掀起的海啸高达 1 000 多米。这次撞击还抛起了大量滚烫的岩浆，引发了森林大火。而飘荡在空中的厚厚尘埃遮蔽了阳光，让地球在接下来的几年之内笼罩在黑暗之中，许多物种因此灭绝，这对已经没落的恐龙族群也造成了致命一击。”

“将来某一天，说不定还会有一颗小行星朝地球迎面撞来。”哥哥说。

“不是没有这种可能。但我们不知道到底是哪一颗小行星，以及什么时候它会撞向地球，这个我们根本没有办法预测出来。”爸爸说。

“为什么呢？”哥哥问。

“前面讲过，小行星受到相互间及小行星引力的影响，经常改变甚至脱离它们的轨道，飘向茫茫太空。人类只能大概推测出小行星出轨的概率，而无法预测其未来很长一段时间后的轨道。”

“我们连太阳系里的小行星的轨迹都预测不出来，那宇宙的未来就更难预测了！”哥哥说。

“对，当年牛顿三大运动定律刚刚推出的时候，人们曾非常乐观，一度认为宇宙就像一架精密的机器，所有星星未来的轨迹都可以预测出来。但后来人们发现，在任意一个不少于三个星体的星系中，这些预测都失败了。”爸爸说。

“这是怎么回事？”

“这就是所谓的‘三体’问题。法国科学家亨利·庞加莱在一百多年前发现，如果有三颗相互吸引的星球，那么这三颗星球的轨道都不会稳定，而是飘来飘去——即使把这个问题再简化一下，其中两颗是恒星，一颗是行星，仍然很难预测出行星的轨道。这颗行星有时绕着一颗恒星旋转，有时又会被另一颗恒星吸引过去绕它公转，无法精确计算出这颗行星未来的轨迹。这和天气预测系统类似，也是一个混沌系统。只要行星轨道有一点点偏差，结果就会变得很不同，所以很难预测出来。”爸爸说。

“看来科学也不是万能的呀。”哥哥有些失望。他想了一会儿，似乎又想通了，转而说道：“不过，要是有谁来告诉我，今后几十年每一天我将遇到什么事情，这样的生活也有点无聊。”

妈妈和爸爸松了一口气，相视一笑。

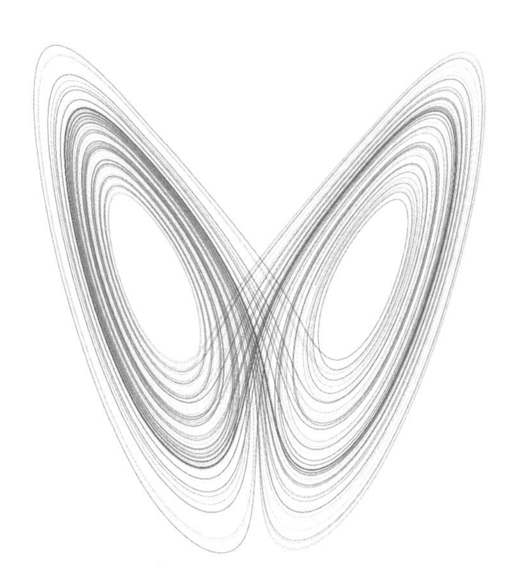

▲围绕两颗恒星旋转的行星的轨迹［资料来源于 https://en.wikipedia.org/wiki/File:Lorenz_attractor_yb.svg］

防范小行星撞击地球

2013 年，一颗直径 16 米的小行星毫无征兆地坠落在俄罗斯车里雅宾斯克，释放出相当于十几颗原子弹的能量，造成上千人受伤。2015 年 10 月 31 日，一颗直径为 650 米的小行星与地球擦肩而过，而人类只提前了十多天发现它。

目前，人类正在建立全球小行星监测网，以便摧毁来袭的小行星。为此，美国航空航天局（NASA）将发射一架名为 DART（双小行星重定向测试，Double Asteroid Redirection Test）的探测器，飞向距离地球 1 000 万千米外的一颗小行星 Didymos 及它的卫星，直径为 160 米的 Didymoon。探测器将于 2022 年 10 月 7 日撞击 Didymoon 并使其偏离轨道，撞击时探测器的速度将达到 21 600 千米 / 时。这将是人类第一次为了破除小行星的威胁而采取的防御测试。直到撞击前 5 秒，我们都可以实时看到探测器发回的行星表面图像。

［资料来源于 NASA］

爱丽丝梦游：时间的穿越

晚饭后，深色的天幕徐徐合上。蟋蟀带来了夜曲的前奏，微风中树叶沙沙作响。

帐篷里，妈妈正在给妹妹读《爱丽丝梦游仙境——镜中奇遇记》的故事。

“时间魔球位于一个极其隐秘的地方，戒备森严。爱丽丝游过护城河，爬上城墙，躲过暗箭……终于拿到了时间魔球。”

“时间魔球是什么？”妹妹不等妈妈讲完就问。

“它是时间帝国的基石和命脉，可以把乘坐它的人带到任何想去的年代。这一天，时间大帝发觉整个时间帝国摇摇欲坠，才意识到时间魔球被偷走了，于是前去追赶爱丽丝。”妈妈说。

“为什么爱丽丝要偷时间魔球呢？”妹妹问。

“因为时间魔球可以把爱丽丝带回过去，这样她就能从红桃皇后的手中拯救疯帽子的父母了。”妈妈说。

“为什么红桃皇后要抢走疯帽子的父母？”妹妹接着问。

妈妈翻到书的中间，继续讲：“爱丽丝发现，红桃皇后自从小时候撞上一口大钟，头上起了一个大包之后，脾气就变得特别固执，所以才抓走疯帽子的父母。爱丽丝是疯帽子的好朋友，她想，如果能回到红桃皇后的童年时代，不让她撞上大钟，也许就能改变之后的一切。于是爱丽丝乘坐着偷来的时间魔球回到了过去。”

“她成功了吗？”妹妹急迫地问。

“只成功了一半。爱丽丝回到红桃皇后小时候，看到她气呼呼地冲到街上，爱丽丝情急之中设法让红桃皇后避开了大钟。但红桃皇后刹不住脚步，一头撞上了广场正中的雕像，头上还是起了一个大包。爱丽丝改变过去的计划还是失败了。”妈妈用遗憾的口气说。

“那还有什么办法能拯救疯帽子的父母呢？”妹妹关切地问。

妈妈又翻了几页，讲道：“爱丽丝从时间魔球中得知，后来在女王决战日那天，喷火龙抢走了疯帽子的父母，于是她决定继续乘坐时间魔球回到过去，打算直接从喷火龙手里救出疯帽子的父母。爱丽丝回到了过去的那一天，与喷火龙大战，眼看就要取胜了，疯帽子的父母还是被喷火龙在最后一刻给掳走了。”

“那，过去了的事情再也没法追回了吗？”妹妹说。

“不，它会留下痕迹。”爸爸突然出现在她们的背后。

“过去会留下什么痕迹？”妹妹转头问爸爸。

“就像爱丽丝的故事里那只柴郡猫，它飞到半空突然消失，笑容却悬浮在空中。”爸爸说，“过去就像消失的柴郡猫，即使消失了，也会留下痕迹。只是……”

“只是什么？”哥哥也凑过来问。

“只是大多数情况下，那笑容并不容易被捕捉到。”爸爸说，“就像你挖到的贝壳化石，并不是每个人都有运气挖到的。”

哥哥想起上午挖到的贝壳化石，他从包里拿出来反复摩挲着。

“帐篷里有点闷，外面空气清新，我们出去走一走吧。”爸爸向哥哥提议。妹妹继续听妈妈讲故事。

爸爸和哥哥走到附近的一个池塘边，下午的雨水让池水满溢。空气很清新，有股青草和泥土的潮湿味道。月光下，池水平静，偶尔有鱼露出水面，留下一圈浅浅的涟漪。

“爸爸，如果过去无法返回，那未来呢？”哥哥问，“未来是什么？”

爸爸指着池塘里泛起的涟漪：“如果时间是池塘中翻起的浪花，那未来就是那尚未泛起的涟漪。”

“我们有没有可能到未来去逛一圈？”

“如果可能的话，你最想看到什么？”爸爸问。

哥哥望着池水想了一会儿：“我想知道人类会不会有末日。”

爸爸看了哥哥一眼说：“我也想知道。不过，时间的涟漪会扩散到哪里，又在哪里遇到障碍、堤岸，我们很难遇见，只能靠想象。”

“可是，怎么去想象未来呢？”

爸爸从地上捡起一片树叶拿在手里，月光照在树叶上显示出它的细微脉络：“就像这片树叶，我们能看到它的形状、脉络，就像能看清时间的现在。但是未来，就像树枝顶端黑暗中的叶子。我们仰头，知道它们会在那里，但是它们什么形状、什么颜色，我们看不清楚。我们只能在明亮中去想象黑暗。”

“那如果有一台飞行器把我带到空中呢？”哥哥说。

“你是说时间机器吗？”爸爸问，“100 多年前，英国作家威尔斯写了一本科幻小说叫《时间机器》，书中主人公乘坐时间机器去到了 80 万年后的未来。”

“是吗，他在未来看到了什么？”

“他看到那时的人们生活非常优越，几乎不用工作就能享受到非常舒服的生活。”

“好令人羡慕。他们要考试吗？”哥哥关切地问。

“书里可没说这个。不过主人公在这样一个优越的社会里总觉得哪里不太对劲，后来他偶然发现，在地层下面还生活着另外一部分人，他们终日劳作，来供养地面上无所事事的那些人。”爸爸说。

“原来如此，”哥哥说，“这真是一个悲观的未来。”

“地球和人类的未来究竟怎么样，没有人知道。我们的科学一定会变得非常发达，也许未来文明会日益昌盛，也许会毁于一旦。”爸爸说。

“这取决于什么呢？”哥哥问。

爸爸望望高高的树梢，没有说话。

父子俩默默地一路走回来。

宇宙旅行与时间穿越

如果一个宇航员乘坐飞船以 0.8 倍光速飞行，10 年后返回地球，而他只老了 6 岁，那么他向未来穿越了 4 年。换句话说，宇航员的时间更慢，只有地面时间的 0.6 倍。

使用下图可以很方便地知道宇航员的时间流逝速度。我们先从横坐标中找到宇航员飞行的速度是多少（例如 0.8），竖直对应到曲线上，就可以找出宇航员实际花费的时间是地球时间的多少倍（对应于 0.6）。再举一个例子，如果宇航员以 0.5 倍光速旅行，那么他的时间只流逝了地球上时间的 0.85 倍，10 年后宇航员返回地球时，只老了 8.5 岁。

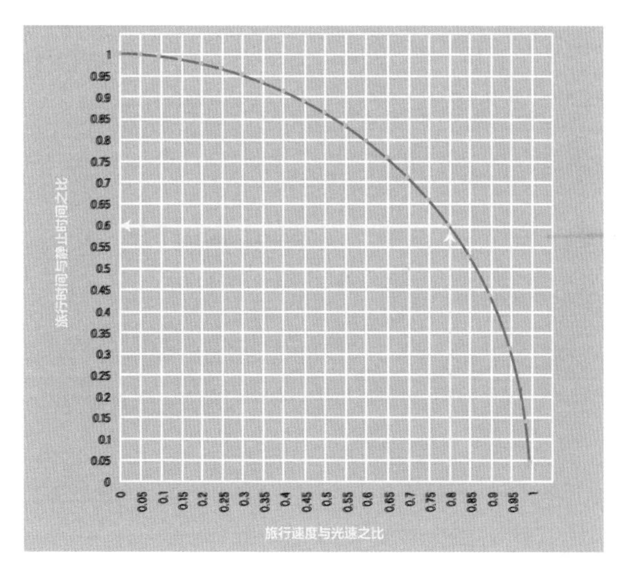

3.6

清晨的奏鸣：过去的记忆与未来的期待

一大早，爸爸妈妈就被一阵叮叮当当的敲击声吵醒了。妈妈看了看表，还不到 7 点，再伸手一摸，两个孩子都不在身边，帐篷开着一道缝。爸爸探出头去，发现兄妹俩正用勺子敲击着汤锅、碗和杯子。

“这是一首毛利人的音乐。”哥哥一边敲，一边投入地左右晃头。

“要是有鼓就更好了。”妹妹补充道。

爸爸缩进帐篷，看来一个美妙的周日早晨到此结束了。妈妈伸出头来，看到哥哥和妹妹一边敲，一边嘴里唱着：

Epo i tai tai e

O epo i tai tai e

Epo i tai tai

Epo i tuki tuki

Epo i tuki tuki e

Epo I Tai Tai E

Maori folk song

歌词大意：强壮的人，强壮的人，这个强壮的人战斗起来像公牛。

每当唱到 epo 时，哥哥就敲锅，唱到 tai tai 时，妹妹就敲碗，唱到最后的 e 时，两人一起敲杯子。两个孩子一高一低，配合得默契得当。

妈妈心想，等他们敲累了，就会回来继续睡，她躺了下来。可是过了好一会儿，两个孩子没有一点儿停下的意思。于是爸爸妈妈也起来了。兄妹俩看见爸爸妈妈从帐篷里出来，兴致大发。妹妹咯咯咯地笑着，拉着爸爸妈妈加入。她拿出一个捏起来会叫的塑胶小鸭子，让爸爸听到 tuki 的时候就捏一下。哥哥找到一根树枝，自己当指挥，把锅交给妈妈，让她听到 epo 的时候敲一下。静悄悄的清晨，草地上回响着叮叮当当和嘎嘎嘎的声音。

一开始，爸爸没有掌握好节奏，总是在错误的节奏上捏到小鸭子发出嘎嘎的叫声，大家哈哈大笑。后来，哥哥手里的树枝挥舞得越来越快，大家的节奏也越来越乱，最后笑成了一团。

现在，每个人都不困了。他们把锅翻过来，把碗和杯子摆好，吃起了早餐。

“妈妈的锅敲得不错。”哥哥点评道。

“因为我以前在哪里听过这个曲子，”妈妈如实交代，“好像是妹妹幼儿园的老师教过。”

“爸爸嘛，节奏就差一点儿。”哥哥说。

“这不公平，我以前从来没有听过这个曲子。”爸爸申辩道，“而且妈妈的 epo 出现得很有规律，总是在每一句的开头，而那个 tuki tuki 我不知道什么时候来，所以只能乱猜一气。”

“你们的爸爸说得有道理。那你是怎么掌握节奏的？”妈妈问哥哥。

“只要一边仔细听着现在的音节，一边预计下一个音节到来的时刻就可以了。”哥哥说，“不过，要是不熟悉的话就不好说了。”

爸爸说：“我的难度可是最高的，既要回忆刚刚敲的声音，又要听着现在的音节，还要预计将来可能出现的音节，不手忙脚乱才怪。”

“可是，”妈妈对爸爸说，“生活本来不就是这样的吗，谁又能把过去、现在和未来分得那么清楚呢！我们同时生活在对过去的记忆和对未来的预期当中。”

“哦，”爸爸停顿了一下，若有所思地说，“是啊。既被过去的记忆所填充，又注视着现在，还要想象着未来，这可不是一件容易的事。”

大家吃完了早餐，还沉浸在刚才的兴奋之中。

“你们想玩点什么？”爸爸问。

“大富翁吧！”妹妹刚刚学会这个游戏，很想再玩一次。

他们收拾好简易桌子，铺上地图，开始玩大富翁游戏。每个人扔一次骰子，按点数决定自己的小人走几步。

爸爸拿起一个红色的骰子，随手往桌上一丢，骰子一阵翻滚，停下来后却变成了绿色。妹妹和哥哥看呆了，他们抓住爸爸的手，打开手掌，可是什么也没发现。

“这是不可能的！”哥哥言之凿凿地说，“一定有什么机关。”

“爸爸，爸爸，你会变魔术吗？快教教我！”妹妹兴奋地叫道。

这时，爸爸弯腰从脚下捡起了红色的骰子，重新放在桌上。

“原来在这里！”哥哥喊道，“爸爸，你是怎么变的？”

“很简单，一分钟你们就可以学会。”爸爸说着，把绿色骰子夹在蜷缩的无名指和小指之间。

哥哥和妹妹专注地看着，眼睛一眨不眨。爸爸像平常一样伸手用大拇指和食指捏起桌上红色的骰子朝向自己的胸口，把它悄悄从桌子和身体间的空当丢下去，接着把手指间的绿色骰子向外丢在桌子上。

妹妹和哥哥看懂了，也练习起来，并且立刻表演给妈妈看。

“我刚才分明看到红色的骰子变成了绿色，为什么魔术能欺骗眼睛呢？”妹妹好奇地问。

“那是因为你们对未来有期待。”爸爸说。

“我们对未来有期待？”哥哥反问道。

“对。你看到我拿起了红色的骰子，准备丢到桌上，你记住了骰子的颜色，自然而然地‘期待’我丢出的是红色的骰子。这种期待是如此自然，让你忽略了我手头的微小动作。就这样，我在你们眼皮底下替换了骰子。虽然我的手法并不那么干净利落，但你们还是选择性地忽略了。所以你们很惊讶地看到我甩出来的竟然是绿色的骰子。”

“这么说，不是魔术师欺骗了我们，而是‘期待’欺骗了我们的眼睛。”哥哥说。

“对，”爸爸说，“一个优秀的魔术师可以很好地调动观众的情感，继而引导观众的期待朝着他预期的方向发展。如果人们完全没有对过去的记忆，也没有对未来的预期，那所有的魔术师就都要失业了。”

“反过来，对未来抱有太多的期待也不好。”妈妈说，“当你抱有过多期待时，你会变得焦虑，总是担心失败，结果越是担心，反而越容易失败。”

“那总是留恋过去呢？”哥哥问。

“如果总是惦念过去的美好，那就容易忽略现在的精彩。或者如果总是懊恼过去的失败，同样也会错失未来的机会。有一句诗说‘东隅已逝，桑榆非晚’，所以我们应该活在当下。”

“活在当下是什么意思？”妹妹问。

“聚焦当下，才不会被太多的焦虑和懊恼所牵引，才会让心回归本初的位置。”妈妈说，“就像今天一早你们俩沉浸在自己的音乐之中，忘记了过去和未来，你们找到了真正的快乐。”

哥哥和妹妹对视笑了一下。

…………

回家的时间到了，他们收拾好装备，一件件放到车上。

回程中经过一条长长的隧道，车在隧道里行驶了很久都没有见到尽头。车外的路灯成了一个个闪亮的光点，急速向后退去。爸爸凝视着这些飞一般逝去的光点，它们一个接着一个，闪现，退去，再闪现，再退去。他眯着眼望去，它们在视线中连成一条光亮的线条。突然，一个问题出现在他脑海里：“过去、现在、未来是三个独立的光点，还是连成了一条线？”

就在这时，前面的车纷纷减速，车流一下子变得非常缓慢，原来有一辆车发生事故了，它停在原地打着黄色双闪，闪光映照在爸爸的脸上。前方一长串的红色汽车尾灯渐渐拉开了距离，从后视镜映入眼帘的是一长串依旧缓慢移动的汽车前灯发出的白光。黄、红、白三种颜色的光线同时进入爸爸的瞳孔，一瞬间他感到有些恍惚：自己经历的到底是现在、未来，还是过去？……

一场关于时间的虚拟学园辩论

一天，柏拉图邀请了牛顿、亚里士多德、庄子、爱因斯坦、释迦牟尼、芝诺、莱布尼兹等人，参加在他学园里举办的聚会。

众人刚坐下，柏拉图端起酒致辞："今日诸位远道而来，务必尽兴而归。时间仿佛这酒杯，是个无比巨大的容器，一切都在其中，而时间却不依赖于别的因素而存在。"说完一饮而尽。马上，他的学生亚里士多德就站起来反驳说："如果没有运动，怎么能感觉到时间？所以时间要依赖于运动和变化才能存在。"

哲学家芝诺整理了一下他宽大的衣袖，撇撇嘴说："醒醒吧，梦中人！你们以为射出的箭在飞，其实它并没有动，在每个时刻箭都停留在它专属的位置。时间的流逝只不过是你们的幻觉。"

一直沉默的牛顿坐不住了："芝诺先生，我佩服您的想象力，但光有想象力是不够的，还要有数学工具。喏，这是我刚发明的微积分，我称之为'流数术'。时间永远均匀流动，亦无始无终。"

一听到“微积分”，莱布尼兹像弹簧一样跳了起来：“且慢，牛顿爵士，是我先发明了微积分！还有，一切事物都要有个起因，时间也不例外，它一定有个开始，并不是无始无终的。”

悠闲地打着盹儿的庄子睁开了眼睛，说：“谁惊扰了我的美梦？时间真的有个开始吗？那么在时间开始之前又是什么呢？如果那也有一个开始，那么这未曾开始的开始之前又是什么呢？在那未曾开始的未曾开始的开始之前又是什么呢？……”

牛顿忙摆摆手叫道：“我的头被你们吵晕了！时间其实很简单，宇宙只有一个标准的嘀嗒声，大家都听它指挥，跟随它一同老去。”

年轻的爱因斯坦顺势递上一瓶头晕药，对牛顿说：“爵士勿忧，我有个办法让您摆脱烦恼、永葆青春。我带您搭载一艘光速飞船在银河系里兜个风，等回来后你会发现，我们依旧年轻，而其他人早已垂垂老矣。”

牛顿欲跟随爱因斯坦，众人也纷纷离席跟随他们。一直打坐的佛陀却岿然不动，缓缓开口说道：“时间本无自性。过去心不可得，现在心不可得，未来心不可得。心驰逐物，到头来不过是梦幻泡影，如露亦如电。”

大家停下，面面相觑，不知如何是好。

本章深入阅读书单

关于时间箭头、熵以及时间为什么是单向的讨论，请参考[1]。

关于混沌现象和蝴蝶效应，请参考[2][3]。

关于对时间的不同观点，请参考[4]。

[1]《时间之箭》，[英]彼得·柯文尼、罗杰·海菲尔德/江涛、向守平 译，湖南科学技术出版社，2018

[2]《时间之问》，汪波，清华大学出版社，2019

[3]《蝴蝶效应之谜：走近分形与混沌》，张天蓉，清华大学出版社，2013

[4]《时间的观念》，吴国盛，北京大学出版社，2006

第四章

绽 放

弹不出的帐篷：宇宙是怎么膨胀的？

期待的周五又到了，橘红色的夕阳在天边散发着最后的暑气，车窗外山色如黛。这一次，车厢里多了一位乘客——一只邻居家的白色小狗，邻居出差前委托他们带几天。收到这份意外的惊喜，哥哥很开心。此刻，小狗乖乖地趴在哥哥的腿上，时不时抬头看看车外的山峦，妹妹轻轻地抚摸着它的后背。

到达露营地后，爸爸妈妈从后备箱取出帐篷。哥哥也取出一顶小帐篷，这是邻居借给他的弹出式帐篷，哥哥正好可以和狗狗一起睡在里面。

爸爸妈妈先费力地把大帐篷搭好，然后爸爸和哥哥一起研究这顶小帐篷该怎么打开。这是一顶折成扁圆盘形的帐篷，爸爸看到中间有一道弹力绳捆着，猜想帐篷应该像膨胀的气球那样自动弹出来。他松开绳子，帐篷发出“砰”的声响，哥哥刚想欢呼，可帐篷只弹到一半就卡住了。

爸爸拿起帐篷翻来覆去地看，弹出来的那部分弹力支架已经完全撑开了，剩下的部分却松垮垮的，看来必须想办法把里面没弹开的支架找出来，然后手动打开。

哥哥拿过手电筒帮爸爸照亮。因为没法打开帐篷，爸爸费力地隔着帐篷帆布摸索着那根垮了的支架，一点儿一点儿地用力。哥哥和妹妹屏住呼吸看着，突然“砰”一声，整顶帐篷都弹了出来。

哥哥和妹妹高兴地跳了起来，一下子钻进了新帐篷，小狗也好奇地钻了进去。

“这顶新帐篷真方便，”妈妈走过来看着新帐篷，“弹一下就开了，不用那么麻烦地一节一节安装支架。”

星星已经出来了，野外的夜空非常澄净。

哥哥半躺在新帐篷里，透过侧面的透气孔望着外面的星空。爸爸在小帐篷外盘腿坐下。

“这顶新帐篷真舒服啊！”哥哥对外面的爸爸说，“爸爸，你是怎么让帐篷弹出来的？”

“我摸到了一根支架，”爸爸说，“感觉它被压弯了，我就向反方向一点儿一点儿地用力。就在支架重新变直的一刹那，它稍微向反方向发生了弯曲，整顶帐篷重新获得了弹力，一下子就弹了出来。”

“哦，原来就差那么一点点。”哥哥感慨道，“爸爸，我觉得我们的宇宙就像一顶大帐篷。爸爸你以前不是说过吗，我们的宇宙来自一场巨大的膨胀，而我们这顶新帐篷也是膨胀出来的。”

“可惜刚才被卡住了一下。”妈妈说。

“那我们的宇宙在膨胀的时候会不会也被卡住？”妹妹从帐篷里爬出来，问了一句。

“哦，这个嘛，”爸爸犹豫了一下，“让我想一想。也是有可能的呀。如果刚开始时使宇宙膨胀的能量稍微小了一点儿，宇宙就没法展开，只能坍缩成一团，也就不会形成星系和生命。而如果膨胀能量稍微大了一点儿，就像帐篷支架猛地一下展开，就会

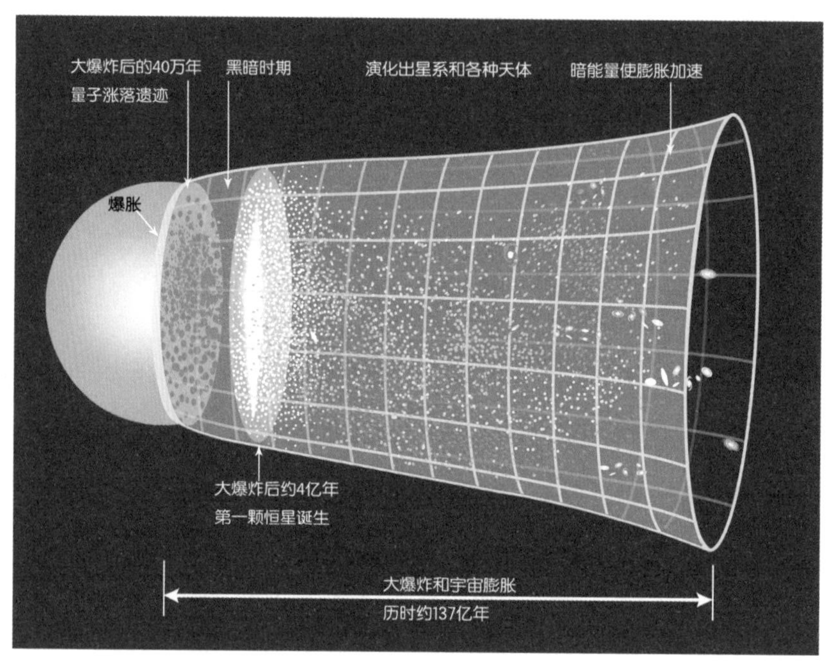

▲宇宙膨胀

把帐篷布都撑破了，只剩下散落的支架和凌乱的破布，所有的物质都被猛烈地抛向四面八方，这样就不会凝结和形成稳定运行的星系。”

“哦，看来这个宇宙比我们的新帐篷复杂多了。”哥哥从帐篷里钻了出来，从外面打量这顶新帐篷，“到底是什么东西支撑着我们的宇宙呢？”

“我们的帐篷有两种相反的力，一种是支架向外的支撑力，另一种是帆布向内的张力。”爸爸说，“而支撑宇宙的也是两种相反的力量，一种是宇宙向外扩张的初始膨胀能，另一种是星星之间相互吸引的引力。”

哥哥和妹妹好奇地打量着帐篷，爸爸继续说：“帐篷刚刚打开时，向外的扩张力更大，所以帐篷膨胀。但随后帆布的张力也变大，抵消掉大部分膨胀力，二者达到平衡。而宇宙最令人惊奇的是，如果把所有物质吸引在一起所需的物质浓度比现有的数值偏差一百万亿分之一，那么我们的宇宙要么坍缩，要么完全分崩离析了。”

“这么小的偏差都不行啊？”哥哥说。

“嗯，就好像你向最远的山顶上的一棵树射了一箭，不仅要射中某一片树叶，箭头还要刚好穿过叶子上的某一条脉络才行。”

“哇，不会吧！”哥哥发出一声感叹。他重新钻进小帐篷，搂着小狗睡下了。

妹妹和爸爸、妈妈钻进大帐篷，伴着星光也睡了。

如何发现宇宙在膨胀?

假如绝大多数星系都在远离地球，且离我们越远的星系离开得越快，就表明宇宙在膨胀。

那么，如何推算星系到地球的距离呢？主要靠星光亮度。星光随着距离变远而成比例地减弱。如果知道了星星的真实亮度和看起来的亮度，就可以根据星光随距离减弱的比例推算出星星与我们的距离。但是，如何知道星星的

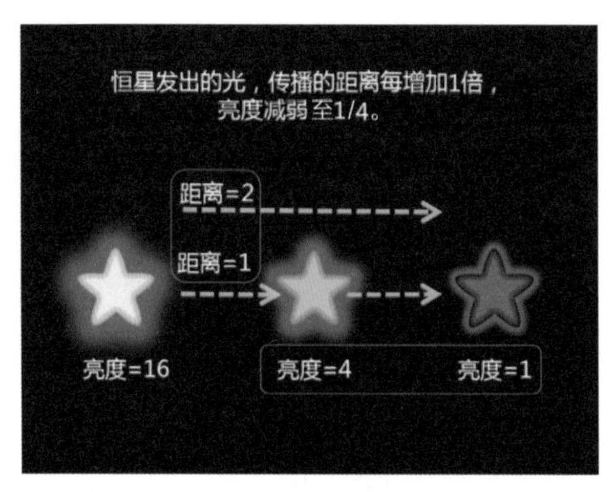

▲通过计算星光减弱了多少，
可以反推出星光传播的距离

真实亮度呢？科学家们在同一片星云中发现了一些闪烁快慢不一的星星，闪烁得越慢的星星看起来越亮。这些星星都位于同一片星云，所以到地球的距离近似相等，这样科学家就可以用闪烁的快慢推算出它们的真实亮度了。接下来，只需比较真实亮度和看起来的亮度，我们就能推算出星系到地球的距离。

接下来，怎么知道这些星系是否在远离我们呢？例如，当消防车驶向我们时，车子在后面追逐着声波，声波被压缩，声音变得尖锐；而消防车远离时，车子拖曳着声波，声波被拉伸，声音变得低沉。这就是所谓的“多普勒效应”。星光的光波也是同理。当星星趋近我们时，光波被压缩，频率变大，星光变蓝；星星远离我们时，光波被拉伸，频率降低，星光变红。科学家们发现，几乎所有星系的光都偏红，说明它们都在远离银河系。再对照星系到我们的距离，科学家发现越远的星系远离我们的速度就越快，于是推断出宇宙在膨胀。

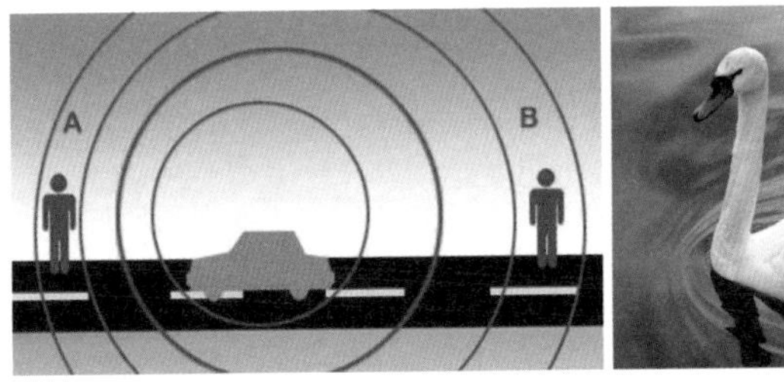

▲车辆行驶时产生的声音和天鹅在水中行进时掀起的波浪，都符合多普勒效应

拼装积木：时间胶囊里的奇迹

第二天早饭后，哥哥在帐篷里拼装积木，他想拼一只机器狗。妹妹想和哥哥一起玩。

哥哥说："你应该先拼一些简单的，学会了规则再拼像机器狗这么复杂的东西。"

妹妹想让哥哥教她，可是哥哥玩得正欢，头也不抬一下。妹妹有点生气了，拿起几块积木出了帐篷去找爸爸。

“爸爸，你能教我拼积木吗？”

“好啊，”爸爸坐了下来，“我们先从这个最简单的小方块开始吧。”他拿起一个最小的拼块叠在另一个方块上面，组成一个更大的长方体：“诀窍就是，找到两个合适的拼块，如果可以嵌进去，就可以结合成一个更大的物体，明白了吧？”

妹妹点点头。

“你想拼什么？”爸爸问。

“我要超过哥哥，拼一个比机器狗还复杂的玩具。”

“别想超过我。”帐篷里的哥哥头也没抬一下，“除了机器狗，我还能拼出整个动物园里的东西来呢，里面有老虎、大象，还有高山、湖泊。”

“那我就拼出一个地球！”妹妹不甘示弱。

“我拼出整个太阳系！”哥哥得意地说，“里面有金星、水星、火星、土星、木星……”

“哼，我拼出整个宇宙！”妹妹发出了最后的宣言。

“不可能——！”哥哥拖长了音喊道。

听到两个孩子的叫喊声，妈妈走过来，看到妹妹两只手里抓了一大把拼块，还把哥哥旁边的拼块都挪到了自己脚边。

哥哥无奈地看着“停工的工地”，说：“唉，妹妹把我的拼块都给拿走了，真是无语。”

“妹妹，”爸爸转过头来，“你分一些拼块给哥哥玩，好吗？”

妹妹坚决地摇了摇头，大家僵持在那里。

过了片刻，妹妹有了一个新想法，她对爸爸说：“除非——你教我怎么拼出宇宙。”

爸爸看了看固执的妹妹：“看来，我只有教你怎么拼出宇宙了。”

“噢，真的吗？”妹妹将信将疑。她推了一堆拼块给哥哥，留下一些给自己，然后拉着爸爸的衣角：“我们去商店多买一些拼块吧。”

“不，这些就够了。”爸爸指着脚下的一堆拼块说。妹妹于是认真地观看爸爸怎么拼出宇宙。

“你知道宇宙是由什么构成的吗？”爸爸拿起一块拼块，“就是由一种很小的肉眼看不到的颗粒拼起来的，叫原子。”爸爸又拿起一块小小的正方体说：“不过，原子有 100 多种，有大有小。最小的就是一种叫作‘氢’的原子，其他原子都是以氢原子为基础拼起来的。”

妹妹也拿起一块拼块，好奇地打量起来。

“比如，”爸爸拿起四个小方块，“把四个氢原子组合在一起，就得到第二简单的原子，这种原子叫氦，最初是在太阳表面被发现的。”

妹妹也拿起四个小方块，拼了一个“氦原子”。

“太阳内部的高温把四个氢原子紧紧绑在一起，它们结合成氦原子的时候会损失 0.7% 的质量，这些质量就变成巨大的能量，通过阳光释放出来。就好像这几个方块嵌在一起时相互摩擦会擦掉一点点外皮，而摩擦又会生热一样。”

过了一会儿，他们拼出了一堆“氦”。爸爸把这些“氢”和“氦”围成一个圆形，说：“太阳的主要成分就是氢和氦。现在，我们就有了太阳。”

“哈，这么简单！要是没有太阳，机器狗都要被冻成冰棍了。”妹妹嘀咕道。

哥哥没有理睬妹妹。

这一次，爸爸拿起三个“氦”拼在一起：“这个原子很重要，没有它，我们就不会站在这儿了。”爸爸做好一个递给妹妹：“这是碳，生命的基本元素。你的肌肉、血液、皮肤里有亿万个碳原子。”

妹妹很快照着做了一个：“宇宙的原子就是这么一级一级地搭起来的吗？”

“是啊，这些基本原子会继续合成更复杂的原子：蛋白质里的氮、空气里的氧、岩石里的硅、食盐里的钠、骨骼里的钙、血液里的铁等等。”

“看起来挺简单的嘛！”哥哥不知什么时候也在听，他探过头的时候，妹妹用手护着自己的“太阳”拼板。

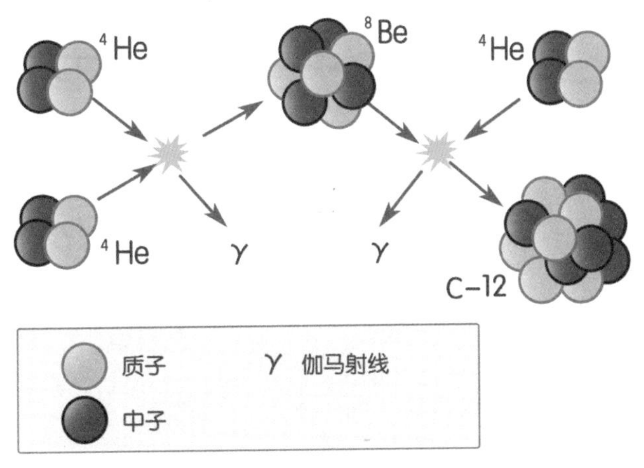

▲碳（C–12）的合成过程：两个氦（He）先合成铍（Be），这个过程中释放出伽马射线（γ），然后再和第三个氦合成为一个碳，这个过程中再次释放出伽马射线

“不过，刚才的合成过程比起我们拼积木来要复杂多了，”爸爸接着说，“它们不仅需要几千万到几亿摄氏度的温度，而且合成时损失的质量哪怕有一点点偏差，比如在氢合成氦的过程中损失的质量如果不是0.7%，而是0.6%，那就不会产生氦，也不会有更复杂的碳、氧、硅等所有的其他原子，世界上就不会有地球等行星，就只剩下了单调的恒星。”

“有这么夸张吗？”妹妹问。

“还记得昨天我们说，宇宙的膨胀差一点点都不会成功吗？”爸爸继续说，“只差那么一点儿，所有的星星都只能蜷缩在宇宙的某个角落，像一群冬天里烤火的孤独的孩子，而不是我们看到的漫天星斗。同样，合成地球和生命的每一步都很关键，每个比例只要差那么一点点，就不会有花朵、蝴蝶，连沙漠和戈壁都不会存在，包括我们。”

“可是，这些花朵、蝴蝶都很平常呀！”哥哥说。

爸爸没有直接回答哥哥，而是问道：“你觉得，腾云驾雾和在大地上行走，哪个是奇迹呢？”

“当然是腾云驾雾了。”

“那我们一起走一走看。”爸爸站起身来，走到草地上，哥哥和妹妹也跟了过去。

“我们行走在坚实的大地上，土壤下面是坚硬的岩石。如果宇宙在星星内部构造复杂原子的过程中出了一点点偏差，就不会有硅元素，也就不会有岩石，那我们还能安静地行走吗？”

“那我还可以飞呀！”妹妹想起了鸟儿。

爸爸一边走一边说：“好吧，鸟儿飞翔时总要呼吸吧？鸟儿呼吸的每一口空气里都有氧，它来自昨天某一片叶子释放出的氧气。而这个氧原子，几千年前可能经过了孔子或者某个农夫的肺，也可能在几百万年前在波涛汹涌的海面上的海藻边游荡，或者在几十亿年前的某颗星星内部炽热的熔炉里。同样地，如果星星在构造氧原子或氮原子时有一点儿偏差，就不会有空气和云雾，那你还能腾云驾雾吗？”

妹妹摇摇头。

“我们只要一迈腿就可以行走在绿色的大地上，”爸爸接着说，“这再平常不过了。但了解了宇宙的演化，你就会明白，孙悟空能腾云驾雾算不上真正的奇迹，行走在大地上才是真正的奇迹呢。我们不是一个人在行走，而是带着我们的祖先一起行走，带着亿万年前的恐龙一起行走，带着几十亿年前的星星一起行走。”

哥哥和妹妹好像听明白了。妹妹回到垫子上，把剩下的拼块都给了哥哥，央求道：“哥哥，请给我拼一只蝴蝶吧！”

哥哥惊讶地看着妹妹，问：“怎么，这次你只要一只小小的蝴蝶？”

“一只蝴蝶虽然小，但它有着丰富的碳、氧、铁、氮等元素。如果这些元素不存在，那说明地球、星星也不曾存在过。”爸爸认真地说。

哥哥很快拼好了一只蝴蝶，送给了妹妹。在收拾剩下的拼块时，哥哥拿起最小的一块，问：“爸爸，那么，这个最小的氢原子又是从哪里来的？”

“宇宙大爆炸 38 万年后，温度降低到了几千摄氏度，原本高速游荡的电子变慢了，被氢原子核捕获，生成了氢原子。这时宇宙中也第一次出现了光。”

“第一次有了光？”妹妹问。

“对，四处游荡的电子被捕获后，宇宙渐渐从一锅粥似的混沌变得清澈，一种很小的叫作‘光子’的微粒可以自由地在宇宙间穿行，于是宇宙第一次有了光。此时宇宙才诞生38万年，这是人类能看到的最为久远的过去。它就像一粒古老的胶囊，我们能看到的最古老的那个时刻的遗迹都封存在这个我们所谓的‘时间胶囊’里。”爸爸说。

“时间胶囊？人们是怎么知道这么久远的过去的？”哥哥问。

“虽然时间非常久远，但这些宇宙初开时游荡的光子到现在仍然没有消失，只不过变得很微弱，随着宇宙膨胀变成了一种无线电波。科学家检测到这些无线电波在宇宙各个方向都存在，非常均匀，只有微小的涟漪和波动，他们于是能够描绘出一幅完整的宇宙最早的图像。”

“就像给刚出生的宇宙拍了一张婴儿照吗？”妈妈从后面走了过来。

爸爸点点头。

“真难想象，我们居然还能找到宇宙的婴儿照。”妈妈转身对哥哥说，“你知道吗，你小时候长得不怎么像现在的模样，尤其是眼睛和鼻子，反而是妹妹还挺像小时候的样子。”

“妹妹还小嘛。”哥哥看了一眼妹妹。妹妹已经在专心地玩拼装积木了。

“时间胶囊”—— 宇宙最早的光

宇宙最早的光在空间游荡，随着宇宙膨胀，它们的波长被拉伸，变成了微波信号。人们没法直接用肉眼看到它们，却可以用天线捕捉到。1964 年，贝尔实验室的两个工程师无意中用巨型天线捕捉到了这种奇怪的微波，它们在各个方向上都有，仿佛一种无处不在的噪声，不像是由某个特定星球上的外星人发射出来的，所以被称为“宇宙微波背景”。经过漫长的距离，这种微波已经变得非常微弱，却会潜入家用电器，变成一种噪声干扰。

最令科学家惊奇的是，在天空的每个方向上，宇宙微波背景辐射看上去都一模一样。但如果宇宙真的在每个方向上都绝对地均匀一致，那就没办法解释为什么有些空间最终形成了星系，而另外一些空间却什么都没有。后来，发射到太空的卫星传回了更加清晰的宇宙微波背景图像，人们发现宇宙背景辐射中存在非常微小的波动，虽然只有一亿分之一摄氏度，但这微乎其微的差别在随后的一百多亿年中被不断放大，最终形成今天错落有致且千变万化的星系。

这粒最早的“时间胶囊”里隐藏着宇宙最初的秘密。科学家至今仍在研究探索当初的“婴儿”如何演化成了今天“成年”的宇宙。

▲人类探测到的宇宙微波背景图像越来越精确，它们显示早期宇宙的温度并不是四处均匀的。而当初这种微弱的波动随着宇宙膨胀放大，形成了如今错落有致的星系［资料来源于 NASA］

戌
酉
申
卯
辰
巳

日晷的指针：时间存在吗？

过了好一会儿，妹妹还在专心致志地拼装。哥哥凑过来，看到她拼了一个白色的圆盘。

“这是什么？”

“这是一台钟，还缺指针。”妹妹说，“可是我不知道怎么让指针转起来，你能帮我吗？”

哥哥想了想，又看了看手头的拼板，失望地说：“这需要一个轴，但是我们没有。”妹妹做好了指针，看到妈妈在切水果，就去找她。

“让我看看。”妈妈坐过来，拿起指针比画了一下。当她看到指

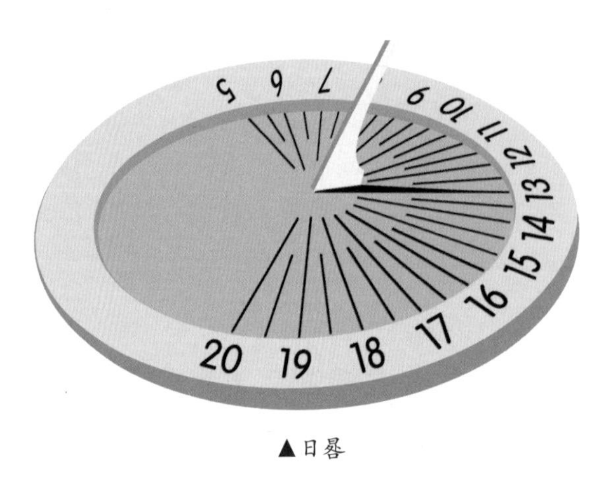

▲日晷

针的影子落在钟面上的时候，有了主意。

“让我们把这个指针立起来，”说着，妈妈把指针插在表盘的中央，影子落在了钟面边缘，“这样就变成了一个日晷。太阳旋转时，指针影子也跟着旋转，不同的时刻影子指向不同的位置，我们只要在表盘上做好标记就行了。”现在是上午十点，妈妈找到一个红色的方块，安装在指针影子的末端。

“好了，每过一个小时我们就在影子末端装一个红色方块，到了下午太阳落山前，我们就有了一条红色的弧线，这样就做好了一个太阳时钟了——世界上最简单的时钟。”妈妈说。

“原来这么容易就能做好一台钟表。”妹妹惊讶地感叹道。

爸爸走过来，看到妹妹做的钟表，说：“你们发现没有，日晷其实是在模拟太阳的圆周运动。”

“是啊，这毕竟是太阳的时钟，也是最天然的时间。”妈妈笑着说。

“而且，人类发明的机械钟其实也是在一个钟面上模拟太阳的运动。”爸爸接着说。

哥哥点了点头，说：“但人类发明的钟表在阴天和晚上也可以用。”

“对，人类发明的钟表越来越精密，现在全世界都有一个统一的时间了。”爸爸说，“不过，话说回来，所谓‘统一的时间’只是地球人的错觉而已。”

哥哥和妹妹露出疑惑的表情。爸爸接着说：“你们还记得吗？有一次我坐在充气床垫上陷下去一个坑，妹妹就陷了下去。”

哥哥想起来了，那是两周之前的那次露营。

“根据爱因斯坦的广义相对论，”爸爸接着说，“空间并不完全平坦，恒星会让附近的空间变得弯曲，那里的时间也会变慢。而在质量极大的黑洞附近，空间极度弯曲，时间会变得非常慢。”

妈妈问：“这么说，宇宙这里流逝的一秒不等于那里流逝的一秒，也就没有统一的时间了？”

“嗯，不止时间变成相对的，甚至时间本身也被有些物理学家认为并不存在。”

“不会吧？！时间怎么也会不存在？”哥哥惊讶地叫道。

“物理学家尝试着把一些物理公式里的时间变量去掉了。比如他们改写了描述很小的粒子世界的量子力学公式，成功地消去了作为中介的时间变量。”

“你的意思是，如果我们都不用钱了，改成用东西换东西也是可能的？”妈妈问，“可是科学家们为什么要和时间过不去呢？”

“你觉得这些物理学家吃饱了没事干吗？”爸爸说，“其实科学家们有一个宏大的愿望，他们非常期望能够找到一座圣杯。一旦找到了它，只需用一个公式就既能描述巨大的宇宙，又能描述比电子还小的粒子的规律。但是这种尝试遇到了很大的困难，连爱因斯坦、霍金这样的大科学家也感到非常棘手。打个比方，科学家们就像拜师学艺归来的孙悟空，虽然有浑身的武艺，却因为找不到一件趁手的兵器而焦急万分。”

“是吗，科学家也想找一根如意金箍棒？”妹妹问。

“对，妙就妙在这‘如意’二字上。普通的兵器太轻，不趁手，东海龙王那里的定海神针又太大了，没法在手里舞动。而物理学家们也遇到了类似的困境：微小的粒子太轻太小，而宇宙又太大。科学家们想找到孙悟空对定海神针上说的咒语，‘变小一点儿，再小一点儿’，或者‘变大一点儿，再大一点儿’。有了这个咒语，一根金箍棒既可以变得很小，小到可以藏在耳朵里，又可以变得很大，大到直抵天宫。”

“哦，这很难吗？”哥哥问。

“嗯，在物理世界里，量子力学在很小的粒子尺度上被证明是正确的，但到了宇宙层面就完全不对了。例如根据量子力学，一个微小的粒子既可以在盒子里，又可以同时在盒子外。但是我们不能说太阳既在银河系里，又在银河系外。”

“这看起来是多么奇怪的理论啊！”妈妈说。

“是啊，这就是问题所在——没有一个物理定律同时在很大和很小的世界里都对。”

“哦，为什么大和小这么难兼容呢？”哥哥问。

“也许是因为我们习惯把世界区分成大和小、多和少、远和近这些相互对立又彼此分离的部分吧。”

“那这有什么关系呢？”

爸爸拿着一大一小两个拼块说："逻辑思维就是用这些标准把世界分割成不同的小块去单独分析。比如，我们把其中一部分作为基准时钟，如你们做的日晷，去衡量我们露营的日子。又比如，我们把地球公转一圈称作一年，用它去衡量宇宙的年龄。我们骄傲地找到了时间这个概念去把不同的小块关联起来，在这个意义上时间存在。但是——"

爸爸继续说："也正因为如此，我们把自己困住了。我们把宇宙拆成一块一块地去分析，最后我们发现，没办法把所有的拼块都拼回那个整体。"

"那我们该怎么办？"哥哥问。

"我也不知道。"爸爸把拼块放在掌心里，"也许我们不应该再让自己游离于宇宙之外，因为我们就是宇宙的一部分。"

"难道你的意思是说——你的手和手里的拼块原本是一体的？"妈妈问。

爸爸拾起地上的一朵落花，说："这朵花在宇宙里，宇宙也在这朵花里。"

大家似乎意犹未尽，却默不作声了。

过了一会儿，妈妈站起来说：“对了，我想起了一个小故事，是阿根廷作家博尔赫斯写的，讲给你们听一听。”

有个人花了一辈子来试图把整个世界画在笔下。许多年过去了，他在一张大纸上画满了各种线条和图案：乡村、山峦、海湾、房屋、轮船、星星、马匹、人……在弥留之际，他凝视着自己的画作，突然发现这些迷宫般的线条所描绘的，是他自己的脸。

时间是否存在?

古希腊哲学家芝诺认为时间只是一种幻觉，并且举了一个例子：射出的箭并没有运动。芝诺是这样推理的：飞行中的箭在特定时刻有一个专属的位置，那么箭在这一瞬间是不动的。以此类推，箭在其他任何瞬间也有专属的位置，那么箭在任何瞬间都是不动的，所以箭射出来后一直都没有动。既然箭没有动，也就无所谓时间的流逝，所以时间只不过是一种幻觉。在中国，战国时期的名家代表人物惠施也提出过类似观点：“飞鸟之景，未尝动也。”

在近代，美国物理学家约翰 · 惠勒改写了爱因斯坦的引力方程，其中完全没有时间变量，但物理定律依然成立，时间似乎消失了。而英国物理学家朱利安 · 巴伯走得更远，他提出，我们认为的时间流动并不是真实存在的，每一个独立的瞬间应当是整体的一部分，每个瞬间就是“现在”。就像把一本小说撕成一片一片的书页，随机丢到地上，每一页纸就是一个独立的实体，它们与时间无关。只有按照特定顺序排列这些书页，我们才有了一本小说，也就是时间流动起来的假象。每一个“现在”都永远且同时存在，所以无所谓过去和未来，它们的排列顺序只由特定的物理学来决定。

▲飞矢不动吗？时间流逝是一种幻觉吗？

调皮的铃铛球：宇宙将终结于冰还是火？

午饭后，一家人在帐篷里休息。日头渐渐偏西了，哥哥和妹妹从帐篷里出来玩耍，小狗也欢快地跟了出来。

他们来到一片长满青草的缓坡上。妹妹先爬到坡顶，手里拿着一个铃铛球，空心的硬塑料壳里有个铃铛叮叮作响，球上拴了一根细长的绳子。哥哥和小狗在坡底等着。

妹妹在山坡顶上，一手拿着绳头，一手把铃铛球向坡底下的哥哥和小狗丢下去，球发出一串悦耳的叮当声音滚下山坡。哥哥瞅准了猛踢球，球重新滚上坡，小狗撒欢地追球。就在球在坡上越滚越慢要停下来的时候，妹妹猛地一扯绳子，绳子绷直后带着铃铛球又朝山坡上加速滚去。小狗本来放慢了脚步，没想到球加速离它而去，它委屈地叫了一声，又撒腿朝坡上追去。过了一会儿，小狗追上了球，衔着交给妹妹，妹妹拿到球又把球丢下去。一来一回，他们玩得不亦乐乎。

天色渐暗，哥哥和妹妹回到营地。简单吃完饭后，妹妹围着这次带来的小帐篷上下打量了一番，她想自己试一下把帐篷弹开。她让爸爸把帐篷折叠起来，然后解开弹力绳，将帐篷轻轻向外一抛，压缩的帐篷一下就弹开了。

哥哥坐在帐篷外，对爸爸说："爸爸，你不是说宇宙在膨胀吗？可是我有个问题想不明白。"

"什么问题？"

"宇宙会一直膨胀下去吗？会不会像我们的帐篷一样，膨胀了一下就停下来了？"哥哥问。

"哦，是有这种可能。"爸爸想了想，席地坐下，"但如果宇宙真的停止膨胀了，它不会一直停在那儿，而是会开始收缩。因为星系之间存在巨大引力，如果宇宙不膨胀了，引力会把所有的星星都拉在一起。星星聚得越密，引力就越强，而引力会让星系聚得更密集，这样就形成一系列连锁反应。”

▲星系相互吸引而碰撞

“最后会怎么样呢？”哥哥问。

“那样的话，宇宙中的所有星系会坍缩在一起。”爸爸把两只手掌合握在一起，“大团物质挤压在一起，巨大的压力让物质急剧升温，宇宙最终将化作一团火球。”

“这听上去很不可思议啊。”哥哥说。

“不过——”爸爸停了一下说，“这是以前的猜想。从目前的科学研究进展看，宇宙坍缩在一起的可能性已经大大降低了。”

“那宇宙的未来又会怎么样呢？”

“20 年前科学家发现，宇宙仍会膨胀下去，而且是加速膨胀下去。”

“加速膨胀？为什么呢？”哥哥问。

“因为科学家发现几乎所有的星系都在加速远离银河系。”爸爸接着说，“他们本来以为星系的引力会让宇宙膨胀变缓，却意外地发现宇宙在加速膨胀。”

“这是怎么回事？”哥哥惊奇地问。

“这多亏了一种特殊的星星。科学家们用望远镜在宇宙深处搜索到它们，惊奇地发现它们一点儿都没有减速的迹象，反而在加速离

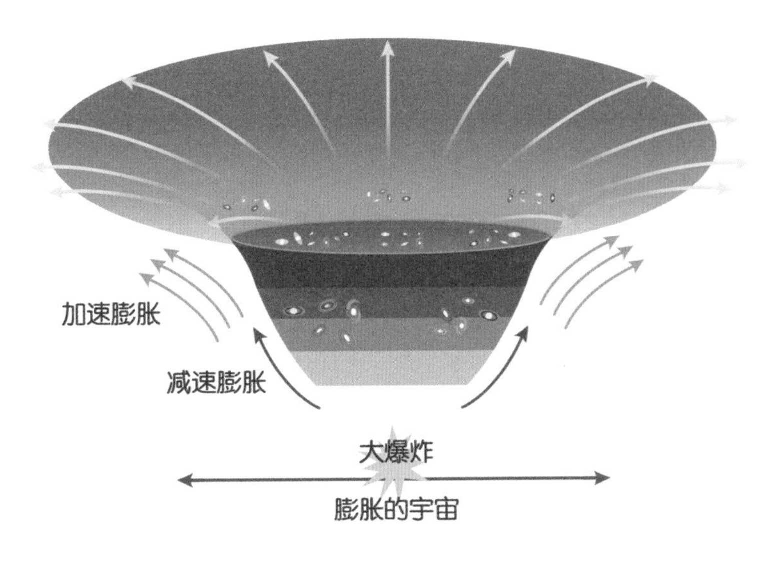

▲宇宙加速膨胀，星系彼此远离

我们远去。所以科学家推断宇宙很可能是在加速膨胀。”

“哦，这些星星有什么特别的地方吗？”

“平时它们只是静静燃烧的普通星星，但同这个世界告别时它们却变得极其高调，仿佛要让全世界都知道。当它们耗尽燃料后就会爆发，亮度堪比一个星系，就像太空中炫丽的烟花。在地球人看来，天空中好像突然出现了一颗颗新的亮星，所以将它们叫作‘超新星’。超新星在加速离我们而去。”

“这很令人意外吗？”

“嗯。你还记得下午你们和小狗玩铃铛球吗？”

“记得啊。”哥哥说。

“铃铛球本来被你踢上了坡，速度越来越慢，小狗马上就要咬住球了，可是妹妹突然一拉绳子，铃铛球反而加速冲到坡上，让小狗大吃一惊。20 年前科学家观察到的超新星，就像这只铃铛球，出乎意料地正在加速离我们而去。”

“噢，可是超新星离我们那么远，科学家怎么知道它们正加速离我们远去？”

“这是个好问题。从望远镜中看到的超新星的明暗程度，还不足以推断出它们到我们的距离，我们还需要知道超新星的真实亮度，或者叫‘绝对亮度’。”

“为什么呢？”

“因为星光会随着距离增加按比例衰减。只有知道了星星的真实亮度，再跟它看起来的亮度比较，才能推断出星星到我们的距离。”

“可是怎么知道星星的真实亮度呢？”

“我们需要找一种特殊的灯泡，”爸爸说，“也就是超新星，因为

▲特定型号的汽车尾灯亮度一致，可以作为标准亮度或“标准烛光”

它是标准烛光。跟我来。”爸爸站起身来，朝停车的地方走去。他打开前后车灯，走到车尾，哥哥和妹妹也跟了过来。

“同一个车型汽车尾灯的型号和功率都是一样的，所以发出的光亮度也一样，这就是一个标准烛光。而超新星就是宇宙里的标准烛光。”

哥哥和妹妹打量着这个汽车尾灯，它在黑夜里发出幽幽的红光。

“宇宙中有一种特定类型的 Ia 超新星，它们发出的光亮度始终如一，就像同一个车型的尾灯亮度。有了这个标准的灯泡，只需比较它们的光线传到我们这儿的亮度，就可以推算出距离。”

“噢，我明白了。那科学家是怎么知道超新星在加速远去的呢？”哥哥说。

“我举个例子。比如今天夜里有人偷了这辆汽车，以最大马力狂奔而去。以我对这辆车加速能力的了解，我估计 3 秒后它最多在 50 米外，它的尾灯应该看起来比较亮，结果我发现它的尾灯看起来要暗很多，说明它可能已经跑到了 100 米开外的地方。我很惊讶，只能猜测这辆车前面还有小偷的同伙开着一辆车牵引着它加速离我们远去。”

“原来如此。”哥哥说。

“那宇宙呢，是什么力量让宇宙加速膨胀的？”妈妈走过来问道。

“人类至今还没有弄清楚。”爸爸有点遗憾地说，“人们只能想象有一种看不见的能量在暗中起作用，把星系彼此强行分开，并将之称为‘暗能量’。就像铃铛球背后那根神秘的绳子和牵绳子的人，科学家至今没有弄清楚。”

“嘿嘿，那就是我……”妹妹双手捂着脸，压低声音，神秘地说。

“那宇宙会一直膨胀下去吗？”哥哥问。

“至少按照目前的节奏看是这样。”爸爸说，“按照这个趋势下去，周围的绝大部分星系会离我们远去，宇宙星系会越来越稀薄，而温度也会越来越低，将来宇宙很可能终结于冰而不是火。”

夜深了，一家人休息了。

暗能量与引力的掰手腕较量

2011 年的诺贝尔物理学奖颁发给了两个研究超新星的团队，原因是他们发现宇宙远处超新星的亮度比预期的暗，从而找到了宇宙加速膨胀的证据。20 世纪末以前，科学家预计随着宇宙膨胀，星系之间的引力会拉扯着星系，从而阻碍宇宙的进一步膨胀，宇宙的膨胀会逐渐减速，但 1998 年，科学家的新发现颠覆了这一观念——宇宙膨胀不仅没有减速，反而在加速。

到底是一种什么样的力量在驱使宇宙加速膨胀呢？

科学家推测宇宙中应当存在一种看不见的暗能量，它用强大的力量把星系彼此推开。尽管星系之间的引力让星系彼此吸引靠近，但在这样宇宙级别的掰手腕大赛中，起排斥作用的暗能量更胜一筹，大获全胜，于是几乎所有的星系都彼此加速分离。

引力只有在星系彼此靠近时才起作用，它会随着宇宙距离的拉远迅速减弱。但暗能量刚好相反，虽然在近距离时不及引力强大，但在很远的距离上也没什么衰减，依然保持原来的劲头，所以才能在宇宙这个大舞台的掰手腕大赛中取胜。

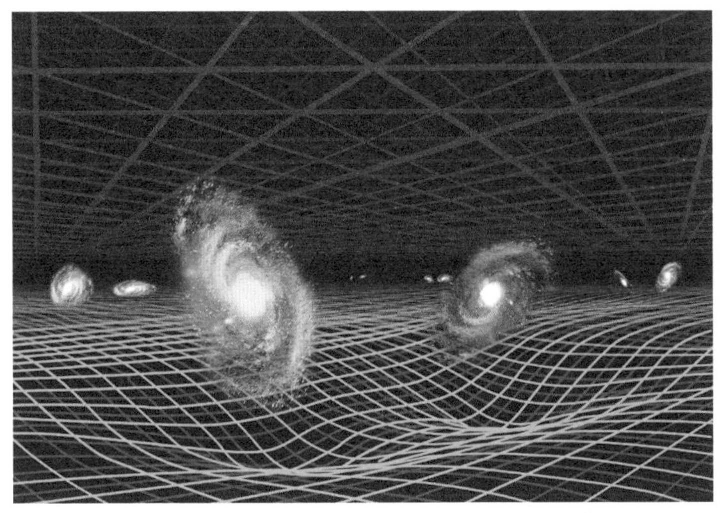

▲ NASA 的暗能量想象图（星系下方的绿色网格线代表引力，而上方的紫色网格线表示暗能量）

千层蛋糕：超新星爆发

又是新的一天。早上起来，妈妈从冷鲜箱里拿出了早餐——千层蛋糕。

“昨晚睡好了吗？”妈妈问哥哥和妹妹。

“睡得很好，我还做了一个梦。”妹妹笑着说，眼神里透露着满足，“我梦到天空出现了很多烟花，仔细一看，原来是很多星星都变成了超新星，像节日礼花一样照亮了夜空。”

“是吗？你真幸运，一下子看到那么多超新星。”爸爸说，“人类可是要等很多年才能用肉眼看到一次超新星的。”

“是吗，人类最早什么时候发现的超新星？”哥哥拿起一块千层蛋糕吃了起来。

“第一次记录到超新星是在中国的东汉，中国人称之为‘客星’。”

“客星的‘客’是什么意思？”妹妹问。

“是客人的客。平时在天空中看不到这颗星，有一天它像客人一样来了，一段时间之后又走了。这颗星本来就存在，只是它爆发前我们看不到，并不是一颗新的星星，所以我觉得‘客星’这个名字比‘超新星’更加贴切。”爸爸解释道，“1054 年，当时中国宋朝的天文官记录到了一次超新星爆发，它留下的遗迹就是我们今天看到的壮丽的蟹状星云。”

“没想到一颗星星能发出这么亮的光！只可惜这是一颗星星生命的最后时刻。”妈妈说。

“是啊。对了，你们知道金、银等金属都是从哪里来的吗？”

“难道不是从地下挖出来的？”哥哥说。

“但是地球上的这些贵重金属又是从哪里来的呢？别忘了，宇宙一开始可只有氢原子哦。”爸爸说完眨眨眼睛，“就是通过超新星爆炸而来的！这是目前已知的两种产生重金属的方式之一。”

▲ 1054 年超新星爆发后形成的蟹状星云

“真的吗？”哥哥和妹妹不约而同地惊讶地看着爸爸。

“对，超新星就像一个锻造新元素的加工厂，而行星和生命所需的其他关键元素——碳、氧、硅、铁等，都是在超新星内部产生的。”

“超新星离我们这么远，这些元素是怎么跑到地球上来的？”妹妹问。

“其实不是这些元素跑到地球上来，而是我们地球就是这些超新星爆发后的剩余物重新凝结起来的。”

看着哥哥和妹妹惊奇的眼神，爸爸说：“我举个例子吧，比如一棵树开花后，花瓣飘落到地面，转变成肥料，使泥土变得更加肥沃，从而再去滋养树木的生长。超新星也是这样，它把新生的元素抛射到周围的空中形成星云。星云重新凝聚，产生第二代的恒星系统，其中较重的物质就聚合成了行星，这样才有了生命和你我。”

“哦，我想起一句诗，”妈妈凑过来说，“‘落红不是无情物，化作春泥更护花’。”

“这么说，一朵花也曾经是一颗星星吗？”哥哥说。

爸爸点点头：“而且，你也曾是一颗星星。你的心脏之所以能够跳动，血液能流动，都离不开几十亿年前的一颗超新星，和它里面的铁原子。”

“铁？我们的心里面还有铁？”妹妹有些惊讶。

“对，还是必不可少的呢。每个血红蛋白里都有一个铁原子，这样它才能输送氧气到身体各个部位。如果没有铁，我们的血液就无法流动，心脏也无法跳动。”

“可是爸爸，超新星为什么会爆炸呢？”哥哥想到了这个关键点。

爸爸拿起一块千层蛋糕，蛋糕露出了细细密密的层状结构：“超新星爆炸前，内部就像这个千层蛋糕。还记得昨天上午我和你一起做‘氦原子’吗？”

妹妹想起来了，点点头。

“在恒星内部的高温下，四个小个头的氢原子结合成一个较大的氦原子，同时损失了一小部分质量。损失的质量转化为热能，就像烧开的热水会掀起水壶盖子，热量会产生向外的力抵抗向内坍缩的引力，这样恒星内部才会维持平衡。我们的太阳就是这样。”

“然后呢？”哥哥问。

“但当恒星里的氢原子渐渐耗尽时，它发出的热量减少，向外的压力变得越来越小，再也无法抵挡向内的引力，平衡就被破坏了。于是恒星向内坍缩，只在表面留下一层没有烧完的氢的薄壳，”爸爸指着千层蛋糕说，“就像这块蛋糕的最外层。”

妹妹和哥哥每人手里拿着一块千层蛋糕，他们一边吃一边听爸爸讲。“由于向内坍缩，恒星内部压力陡增，核心温度升到了 1 亿摄氏度。精彩的好戏就要上演了。”

大家都专注地听着。爸爸继续讲：

“在高温下，三个氦原子聚合成一个碳原子。聚合中损耗的质量转变成热量和向外的压力，抵御向内坍缩的引力，恒星内部再一次平衡了。但同样地，当氦也逐渐耗尽烧光时，核心再一次坍缩，没有烧完的氦就形成了恒星外壳里的第二层薄壳，”爸爸拿起千层蛋糕，指着它说，“就像这块千层蛋糕外皮下面的这一层。”

“哦，又多了一层。那接下来呢，还有更多层吗？”哥哥问。

“会有的。核心再一次坍缩，温度继续上升到了不可思议的6亿摄氏度！之前生成的碳原子开始聚合在一起生成更复杂的元素，而没燃烧完的碳也会在氦的薄层下生成一个碳的薄层。就这样一波接着一波地燃烧、聚合、坍缩、升温，交替进行，恒星就像放进烤箱的千层蛋糕，从最外层开始烤熟，一层接一层形成内部氦、碳、氧

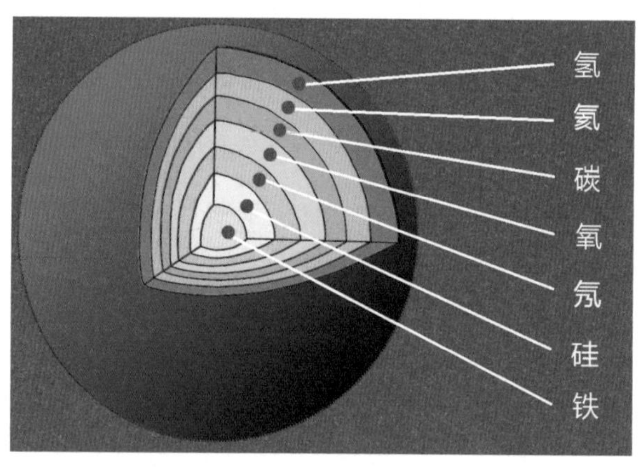

▲大质量恒星内部形成的壳层结构
（由外向内：氢、氦、碳、氧、氖、硅、铁）

等元素的薄层。”

“最后呢？”哥哥提醒道。

“最后，超新星的内核生成了铁原子，而铁原子很稳定，不再释放能量，也就没法抵御恒星的引力。超新星很快就要剧烈坍缩爆发了。”

“没想到恒星也有‘铁了心’的时候。”哥哥调侃道。

“嗯，一旦铁了心，恒星就走上了决绝之路。巨大的引力把恒星的内核挤压成密度极高的中子球，而外围的物质纷纷向它运动，一旦撞到无比致密的核心又被剧烈反弹回来，就‘砰’的一声爆发了。”

妹妹听到爸爸大声说的“砰”吓了一跳。爸爸继续说：“超新星内的爆发引发了最后一波高温聚变，产生了金、银等重元素。这股冲击波把恒星外围炸成碎片，裹挟着之前形成的一层层元素激荡开来，将它们抛向广袤的空间，恒星自己只剩下一个非常小的残核。”

“好震撼，也好惨烈啊。”哥哥说。

“在接下来的亿万年漫长岁月中，超新星播撒下的‘种子和肥料’会孕育出下一代的恒星和它们的行星。”爸爸最后说道。

妈妈也感叹道：“这不是自行断臂式的求生，而是涅槃般的重生。”

超新星

世界上最早记录的超新星：中国东汉时期，公元185年，《后汉书·天文志》记载："中平二年十月癸亥，客星出南门中，大如半筵，五色喜怒，稍小，至后年六月消。"

世界上记录到的最亮的超新星：公元1006年，豺狼座超新星爆发，据推断其亮度达到了-9等。在《宋史·天文志》中记载："周伯星见……状如半月，有芒角，煌煌然可以鉴物。"

最绚丽的超新星：公元1054年，仍在宋朝，超新星爆发后形成的遗迹产生了我们今天看到的瑰丽的蟹状星云。

超新星爆发的过程：一颗大质量的恒星到了晚年，在其内部形成了洋葱状的壳层结构，并且在核心形成了铁芯（图a）。当氢元素逐渐被消耗殆尽，恒星所发出的热量无法抵抗自身引力，开始坍缩（图b）。恒星的核心受到挤压，连原子内部的空间都被挤压形成非常致密的中子（图c）。崩落到中心的物质撞到致密的中子核心被反弹，形成向外的冲击波（图d）。在冲击波的高温下，各种元素合成比铁更重的元素，并把新产生的元素物质抛向外太空（图e），最后恒星只剩下一个很小的残骸（图f）。

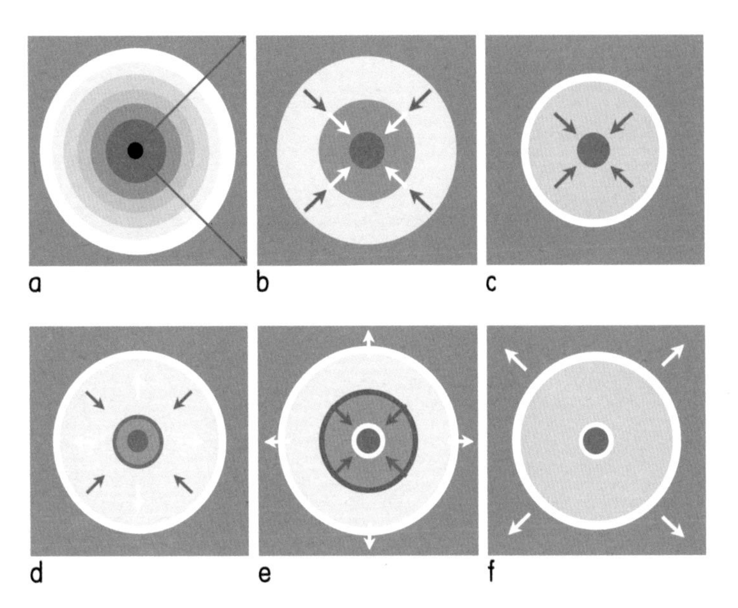
a
b
c
d
e
f

泡泡的世界：时间会倒流吗？

吃完早饭，时间还早，一家人去爬附近的一座小山。这座山的山顶有一个简易的观景台，置身此处，四周风景尽收眼底。微风阵阵，非常凉爽。

妹妹想起了她带的肥皂泡液，就拿出来吹泡泡。在风的助力下，泡泡吹得很大，渐渐膨胀。妹妹轻轻一抖，那个大泡泡颤巍巍地飘向了天空，在阳光下反射出七彩斑斓的纹路，小狗跟在后面撒着欢追赶。

接着，妹妹吹出一个奇怪的泡泡，在大泡泡内部又冒出一个小泡泡。妹妹更开心了，连忙拿给妈妈看，然后继续玩泡泡。

大家看着四周的群山，妈妈却有点出神。“我突然觉得有点孤单。”她自言自语道。

“你怎么了？”爸爸不解地看着妈妈，“这里不是还有我们吗？”

“我不是说你们，而是觉得人类在宇宙里有点孤单。”妈妈解释着，“站在这山顶，我突然想起一首古诗：‘前不见古人，后不见来者，念天地之悠悠，独怆然而涕下。’这么浩瀚的宇宙，怎么只有地球上有生命，你说这是不是很奇怪？”

“你怎么突然想起这个了？”爸爸好奇地问道。

“因为我刚才看到女儿吹出的泡泡，它把周围世界的影像都吸纳到自己光怪陆离的表面，就像一个微缩宇宙。我在想，我们周围的宇宙说不定就是一个望不到边的大泡泡，我们还远远没有看到这个泡泡的边缘呢。”

“嗯，那倒有可能。”爸爸轻轻点点头，“不过你想说的是什么呢？”

“女儿吹出那么多泡泡，说不定世界上不止我们一个宇宙，还有很多其他的宇宙，就像很多个泡泡。”

“哦，我想起来了！”爸爸拍了一下脑门，“物理学中有一个理论叫‘多重宇宙’。”

“什么是多重宇宙？”哥哥听到这个词，转过头来问爸爸。

“这种理论认为，我们所在的宇宙可能不是世上唯一的宇宙。”

“是吗，还有其他的宇宙？可是人们为什么会冒出这么奇怪的想法呢？”哥哥问。

“这不是瞎猜，而是有理论的推导。几百年前，我们还认为地球是宇宙的中心；哥白尼之后，人们认为太阳是宇宙的中心；后来人们发现，太阳不过是银河系里一根旋臂上的一颗普通恒星，在银河系的边界之外还有遥远的星系，我们的银河系只不过是巨大的星系团中的普通一员，而星系团又是超星系团里的普通一员。”

哥哥叹了一口气：“这么说，科学越来越进步，而人类的地位却一直在下降？”他有点失望。

“这个……”爸爸停了下来，一时不知道该说什么。

妈妈换了一个话题，问哥哥：“你还记得没有生妹妹之前，你说不希望妈妈再生一个孩子吗？”

“哦，是吗，我说过吗？怎么了？”

“你是不是担心，如果再有一个孩子，你就不再是家里的独苗，爸爸妈妈不再会围着你一个人转，也不再宠爱你了？”

“嗯，有这种担心吧。”

“后来有了妹妹，一开始虽然你不太适应，但情况也没有想象的那么糟吧。”妈妈缓缓地说，“那是因为你长大了，你逐渐懂得，世界不是像你以前认为的那样只围着你一个人转，而是慢慢接受了自己是我们家庭中普通一员的这个事实。而且有了妹妹，你多了一个玩伴，不那么孤单了。”

哥哥默默地看着远处的风景。妈妈继续缓缓地说道：

“同样，我们人类长久以来一直认为自己是宇宙的独子，世界围绕着我们在转，但这只是从这个小小地球上看出去的一种幻觉。人类一次次地发现更加广阔的世界，就像我们刚才登山，每登高一些就会看到更加完整的风景。虽然觉得自己越来越渺小，但我们的心胸越来越宽广，不是吗？”

哥哥点点头。

“所以，”爸爸接过了妈妈的话，“我们是不是应该更谦逊一点儿，承认我们的宇宙有可能是更大的整体中的一员呢？”

“就像寻找失散多年的兄弟吗？”哥哥问，“如果是那样，其他的宇宙可能会是什么样子的呢？”

“我知道有两种说法，”爸爸喝了一口水继续说道，“一种是所谓的‘口袋宇宙’。科学家推断，在宇宙的某些区域，宇宙会瞬间剧烈膨胀，产生一个新宇宙。不同的宇宙就像我们衣服的口袋，相互分

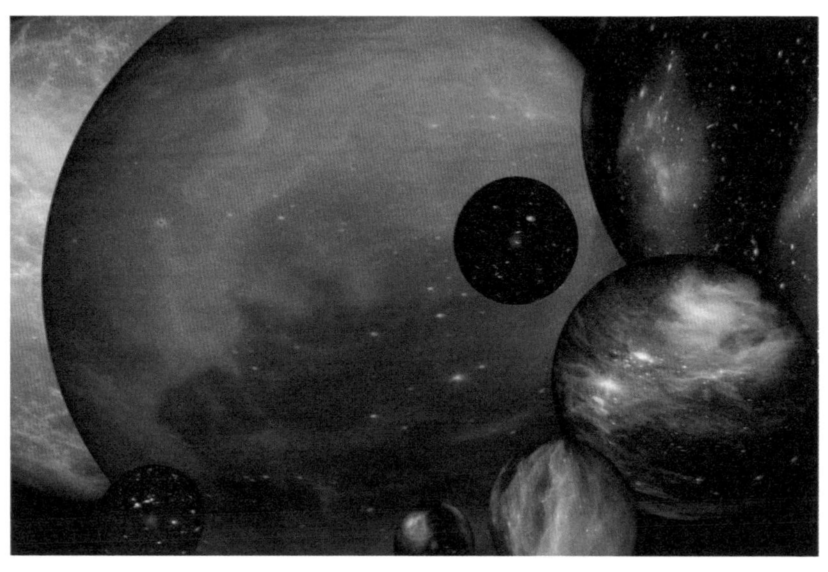

▲“口袋宇宙”又被称为“泡泡宇宙”

开，而我们的宇宙只是其中一个而已。就像妹妹吹的泡泡，每个泡泡就是一个宇宙。”

“那另一种说法呢？”

“另一种理论叫‘婴儿宇宙’，是在一个宇宙中又诞生出一个新宇宙。有点像妹妹刚才吹出的那个奇怪的泡泡，一个大泡泡里又吹出了一个新泡泡。科学家推测，如果在一个宇宙局部有微小的涟漪，某些区域物质密度稍低，就会导致空间收缩，孕育出新的领地，驱动新的膨胀，产生一个新的婴儿宇宙。这也是一种多重宇宙。”

▲一个宇宙中诞生出一个婴儿宇宙

“科学家是怎么冒出多重宇宙的想法的？”哥哥好奇地问。

“你还记得宇宙大爆炸学说吧？美国科学家阿兰·古斯认为，虽然宇宙可能起源于一次大爆炸，但在宇宙爆炸初始时刻的膨胀要远远比后来的膨胀来得迅猛。这个爆胀的猜想成功地解释了宇宙为什么均匀的问题，但也造成了一个不可避免的结果。”

“什么结果？”

“如果我们承认宇宙爆胀理论，那么我们就必须承认宇宙要不停地爆胀出新的宇宙，就像吹出一个泡泡还不够，必须不停地吹出新泡泡，也就是所谓的‘永恒爆胀’。这就产生了多重宇宙，它是包含了我们的宇宙和其他宇宙的一个整体。”

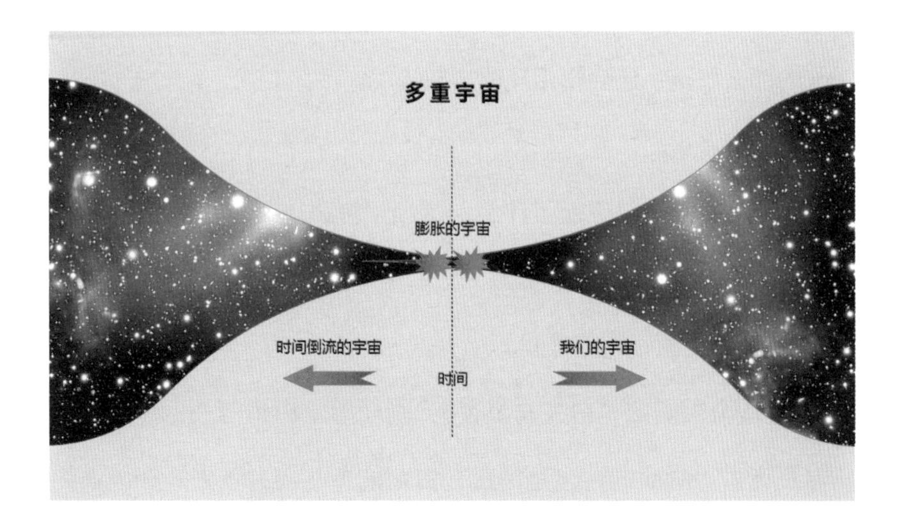

“这么多宇宙！”

“对，而且在每个宇宙里，时间方向不尽相同。在我们的宇宙，熵从小变大，我们觉得时间就是从过去到未来。但在其他宇宙里，熵有可能从大变小。如果那里有生命的话，他们会觉得很正常，但在我们看来，那里的时间在倒流。”

“哦，如果那样，在他们看来，我们的时间是怎么流动的呢？”

“同样，他们也认为我们的时间在倒流。每一方都认为自己的时间正常流动，而对方的时间在倒流。换句话说，宇宙里没有一个统一的时间方向，只有各宇宙内部自己的方向。”

“还有这么新奇的事！”妈妈凑过来说道，“看来时间不是我们想象的那么单调，还会朝相反的方向流动。”

爸爸点点头。

“哦，”妈妈突然想起了什么，“我记得有一幅版画画的就是这种相反方向的分离。”

“是什么版画？”爸爸问。

“是埃舍尔画的《白天与黑夜》，画面的左边是白天，黑色的鸟儿向左飞去，画面的右边是黑夜，白色的鸟儿向右飞去。在画面的中间，白天和黑夜的交界处，白鸟和黑鸟的尾巴相互嵌入，难分彼此。黑鸟和白鸟都觉得对方在远离自己，而自己曾飞过的地方就是对方飞向的地方，换句话说，自己的过去就是对方的未来。”

▲埃舍尔（Esher）的版画《白天与黑夜》：鸟彼此背离，朝着两个方向飞行

“这么说，我们是白天的黑鸟，而时间倒流的宇宙是黑夜里的白鸟？”哥哥问。

“嗯。”妈妈点点头。

妹妹吹完泡泡了，回来找大家，一家人站在观景台上转圈欣赏风景。

“如果不爬到山顶，还真不知道这里周边有这么多山，远处还有一道狭长的峡谷。”爸爸说。

“是啊！”妈妈接过话头说，“我记得爱伦·坡在《我发现了》那本书中说，要想看清世界的全貌，不仅要爬上山顶，而且要踮起脚尖，像芭蕾舞演员那样快速旋转几周。”

“好啊！”妹妹马上这样做了。

“你看到了什么？”妈妈问。

“我觉得世界不再静止，所有的风景都动了起来，模糊起来，连成一片。”妹妹说。

时间不早了，一家人准备下山。哥哥和妹妹在前面一蹦一跳，爸爸和妈妈彼此搀扶着跟在后面，踏上了回程。

过去、未来有没有区别?

爱因斯坦在 1955 年 3 月 21 日得知比自己大 6 岁的好友贝索（Michele Besso）去世时，写了一封信给贝索的妻子。他在信中回顾了自己与贝索相识相交的过程。爱因斯坦年轻时在瑞士苏黎世理工学院的一场音乐会上认识了贝索，两人后来又在伯尔尼专利局成为同事，下班后一起散步回家，沉迷于讨论科学与哲学问题。爱因斯坦 1905 年发现时间可以被拉伸、膨胀时，他第一个告诉了好友贝索，并且在那篇划时代的狭义相对论文章后唯一感谢了自己好友贝索的“热忱帮助”。贝索也许是当时最理解爱因斯坦的时间观的人。

最后，爱因斯坦在信中提到了自己对时间的看法：

“现在，他又比我先行一步，离开了这个奇怪的世界。但这并不意味着什么，我们这些相信物理学的人知道，过去、现在和未来的区别只不过是一种持久的幻觉，虽然是极为顽固的那种。”

写完这封信后的次月，爱因斯坦也驾鹤西去。半个多世纪过去了，爱因斯坦在这封信中提到的关于时间的看法，仍被后人久久传诵。

本章深入阅读书单

关于宇宙膨胀理论、时间胶囊，请参考 [1][5]。

关于时间是否存在的讨论，请参考 [1][2][5]。

关于超新星、暗能量、暗物质，请参考 [1][3]。

关于宇宙精细常数，请参考 [4]。

关于多重宇宙，请参考 [1][3][5]。

[1]《关于时间：大爆炸暮光中的宇宙学和文化》，[美] 亚当 · 弗兰克 / 谢懿 译，科学出版社，2014

[2] The End of Time, Julian Barbour, Oxford University Press, 2001

[3]《从大爆炸到大终结》，[英] 本 · 吉利兰 / 萧耐园 译，湖南科学技术出版社，2017

[4]《六个数：塑造宇宙的深层力》，[英] 马丁 · 里斯 / 石云里 译，上海科学技术出版社，2013

[5]《宇宙：从起源到未来》，[美] 约翰·布罗克曼 编著 / 高爽 译，浙江人民出版社，2017

致谢

记得2018年草长莺飞之际，我开始构思《时间之问·少年版》。怀揣着出版社的嘱托，我的思绪如植物般滋长，朝各个方向抽条发枝。之后，这些枝条的绝大部分虽已长大，却并没令我满意，因而无法逃脱被忍痛剪掉的命运。久违的灵感在绿树浓荫的夏至那一天悄然而至，冥冥中暗示我，夏日就应该走出家门，跟孩子到山间溪边，与星光虫鸣做伴。一家人就这么上路了。

初稿完成，我返回来补写全书的第一节。随着键盘声，最后一句话显示在屏幕上："是的，他（爸爸的心）已经到家了。"这行字立刻在我眼前模糊起来，只有镜片上的雾气和眼眶里温热的水珠在悄然流转。静下来后，我嗅出了这不期而至却又熟悉的感觉，它曾多次在我写作正酣时对我发动突袭。我自问：难道是这些小小的水滴浇灌了我的作品？这对于一本科普书来说似无必要，此前我一直如此认为。现在我明白了，它不属于理性的管辖之地，却是我们之所以是人类的凭据。

写作是一场修行，感谢所有支持和激（刺激）励（鼓励）过我的人。

感谢女儿和你纯真好奇的大眼睛。我们蜷在一起阅读、嬉戏、一问一答，你贡献了一个又一个的“为什么”。感谢家人，你们的陪伴为这个野外旅行故事提供了源源不断的灵感。

感谢行距文化做我坚实的后盾。身兼资深出版人和孩子母亲双重角色的毛晓秋女士，对书稿的完善提出了双份见解。她把诸多干扰屏蔽在我的笔尖之外，还跟博雅小学堂一起策划了本书的音频节目。

感谢广西师范大学出版社神秘岛公司的资深编辑们对本书的精心锻造，他们提出了知识盒子的好点子，并搭配了漂亮的手绘插图，还不遗余力地挑出隐藏的“虫子”。

感谢您，读者！只要书里的故事能使您生发一点儿兴趣的种子，我就会很高兴，相信这种子会在未来的时间里继续萌发。期待听到您的反馈意见，只需通过这个神秘的传输门：wangbo.i@qq.com。

谨向所有的少年致敬！

汪波

2020 年 1 月 1 日